ANKE JOBI

VEGGIE FEEDING

Hunde vegetarisch ernähren

KOSMOS

INHALT

Zu diesem Buch

Die vegetarische oder gar vegane Ernährung erlebt aktuell einen regelrechten Boom. Klimawandel, Umweltbewusstsein, Ressourcenverschwendung, die ethische Betrachtung der heute praktizierten Nutztierhaltung und nicht zuletzt der Blick auf die Gesundheit veranlassen immer mehr Menschen dazu, eine vegetarische Ernährung in Erwägung zu ziehen. Besonders das Thema Klimaschutz ist mittlerweile in der Mitte der Gesellschaft angekommen.

Auch an den Hunden bzw. der Hundeernährung ist dieser Trend nicht spurlos vorbeigezogen. Vor allem im letzten Jahrzehnt wurde eine fleischbasierte Ernährung von Hunden jedoch sehr forciert. Daher prallen nun zwei völlig gegensätzliche Konzepte aufeinander, die es zu sortieren gilt.

Das Buch „Ernährung des Hundes“ von Prof. Dr. Jürgen Zentek gilt als Klassiker und Standardwerk für Tierärzte und Studenten der Veterinärmedizin. Mindestens seit der 7. Auflage von 2013 bezeichnet Prof. Dr. Zentek den Hund darin als Omnivor, also Allesfresser. In der 8. Auflage wurde sogar das Kapitel „Vegetarische und vegane Fütterung“ mit aufgenommen. Wissenschaftlich gesehen scheint eine vegetarische Fütterung von Hunden also durchaus möglich zu sein.

Es gibt zudem ausreichend Gründe, die fleischbasierte Fütterung von Hunden zu überdenken. So kann eine übermäßige Fütterung von Fleisch auch bei Hunden Erkrankungen von Leber und Nieren mindestens begünstigen. Es ist auch durchaus als widersprüchlich zu bewerten, wenn man den Hund bezugnehmend auf eine artgerechte Haltung mit großen Mengen Fleisch füttert und dabei die artgerechte Haltung der Nutztiere völlig außen vor lässt. Und nicht zuletzt: sollte der Trend in der menschlichen Ernährung zu weniger Fleisch weiter anhalten, wovon wir sicherlich ausgehen können, dürfte die Versorgung von Hunden mit Fleisch früher oder später problematisch werden. Es werden für den Hund ja schließlich die Reste der menschlichen Ernährung genutzt und diese dürften bei einem

Anke Jobi mit ihren Hunden Lucy und Leo.

Rückgang der Nutztierhaltung deutlich weniger werden.
Mit diesem Buch möchte ich Ihnen sowohl dabei helfen, zu entscheiden, ob eine (vielleicht auch nur teilweise) vegetarische Fütterung für Ihren Hund eine Option ist, sowie auch dabei, diese dann einfach in die Praxis umzusetzen.

WICHTIG! In diesem Buch soll es dabei vorrangig um ausgewachsene, gesunde Hunde gehen. Einen Hund im Wachstum sollten Sie nicht ohne fachliche Hilfe vegetarisch oder vegan füttern. Für diesen Fall empfehle ich Ihnen unbedingt, sich beim fachkundigen Tierarzt oder bei Ernährungsberatern einen Futterplan erstellen zu lassen. Auch bei kranken Hunden sollten Sie sich fachlichen Rat einholen, ob und wie eine pflanzliche Ernährung den kranken Hund unterstützen kann. Einen groben Einblick zur vegetarischen Fütterung im Krankheitsfall gebe ich Ihnen aber dennoch im letzten Kapitel dieses Buches.

Nun wünsche ich Ihnen viel Freude und hilfreiche Erkenntnisse bei der Lektüre dieses Buches.

Ihre Anke Jobi

VEGETARISMUS UND GRUNDLAGEN DER HUNDEERNÄHRUNG

VEGETARISMUS IM HUNDENAPF

Ob und wie sich der Vegetarismus auf den Hundenapf übertragen lässt, erfahren Sie in diesem Buch.

DER HUND ALS VEGE-TARIER?

Der Trend der vegetarischen Ernährung

Als vegetarische Ernährung bezeichnet man eine Ernährung, die vorwiegend aus pflanzlichen Komponenten besteht. Je nach Ausprägung können aber auch einige Nahrungsmittel tierischen Ursprungs integriert sein.

»Eure Nahrung sei eure Medizin und eure Medizin sei eure Nahrung.«

Hippokrates

In diesem Buch geht es zwar um die vegetarische Fütterung von Hunden, trotzdem wollen wir zunächst einen Blick auf die vegetarische Ernährung bei Menschen werfen.

EIN PAAR DATEN ZUR VEGETARISCHEN ERNÄHRUNG

Die Geschichte des Vegetarismus reicht zumindest dokumentiert über 2000 Jahre zurück und soll ihren Anfang rund 800–600 Jahre v. Chr. gehabt haben, als Menschen verschiedener Religionszugehörigkeiten keine Tiere mehr verzehren wollten.
Pythagoras, ein griechischer Philosoph und Mathematiker, gilt als der Begründer des „ethischen Vegetarismus". Er prägte die Bezeichnung *Pythagoreismus*, mit der man längere Zeit eine Lebensweise bzw. Lebenseinstellung bezeichnete, die auch eine vegetarische Ernährung einbezog.
In so gut wie allen Religionen wird das Verhältnis von Menschen zu Tieren thematisiert, vor allem alte Religionen wie der Hinduismus und der Buddhismus vertreten den Vegetarismus. Hippokrates, der einer der be-

deutendsten griechischen Ärzte der Antike war und von dem auch der Satz „Eure Nahrung sei eure Medizin und eure Medizin sei eure Nahrung", stammen soll, behandelte Krankheiten u. a. mit einer strengen vegetarischen Kost.

Vegetarismus bezieht sich meist nicht nur auf die Ernährung, sondern steht für ein Lebenskonzept. Das ist nur logisch, da die Motive sehr häufig einen ethischen Hintergrund haben. Der Begriff Vegetarismus hat seinen Ursprung in der Mitte des 19. Jahrhunderts und wurde aus der englischen Bezeichnung „vegetarian" abgeleitet. Zu dieser Zeit wurden Vegetarier noch als Sonderlinge betrachtet.

Der erste Vegetarierverein wurde im Jahr 1847 von Bibelchristen gegründet – 1860 bezeichnete man die Vegetarianer als eine Art Sekte, die in England lebte und merkwürdige Lehren und Deutungen predigen würde.

1930 wurde Vegetarismus dann als eine Lebensanschauung beschrieben, die durch die Ablehnung animalischer Nahrung dazu strebe, körperliche und geistige Gesundheit zu erlangen.

Noch vor wenigen Jahren wurden Vegetarier belächelt und galten als kränklich, schwach und mangelernährt. Mittlerweile ist vegetarische Ernährung jedoch durchaus „salonfähig". Etwa 8 Millionen Deutsche ernähren sich inzwischen vegetarisch, das entspricht etwa 10 % der deutschen Bevölkerung. Und die Tendenz ist steigend. In anderen Ländern sind es sogar noch mehr, so ernähren sich 38 % der indischen Bevölkerung vegetarisch und 19 % sogar vegan. In China sind es jeweils 10 % zu gleichen Teilen. Definiert wird Vegetarismus heute als Ernährung, bei der nur Nahrungsmittel genutzt werden, die nicht von getöteten Tieren stammen.

RUND 8 MILLIONEN DEUTSCHE ESSEN KEIN FLEISCH

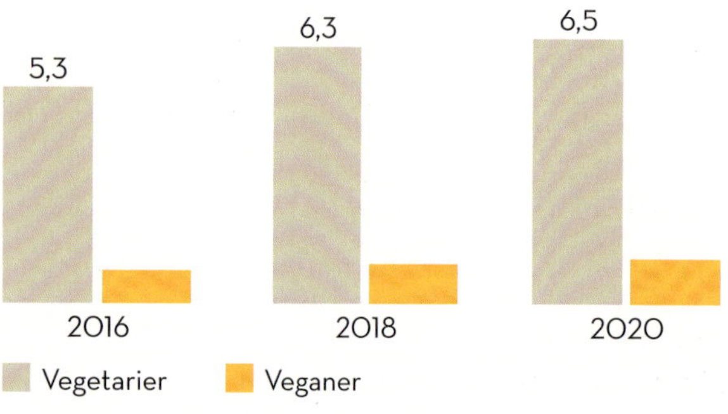

Anzahl der Personen in Deutschland, die sich selbst als Vegetarier bzw. Veganer einordnen (in Mio.)

Basis: Jeweils mind. 23.000 Befragte in Deutschland ab 14 Jahren; Hochrechnung auf rund 70 Mio. Personen. Quelle: IfD Allensbach

Warum ernähren sich Menschen heute vegetarisch?

Nach wie vor sind ethische Überlegungen die wichtigste Motivation für vegetarische oder gar vegane Ernährung. Die meisten Vegetarier wollen

sich nicht am Leid beteiligen, das Tieren (besonders) in der Nahrungsmittelproduktion zugefügt wird. Aber auch der Klimawandel sowie die Umwelt spielen eine wichtige Rolle. Immerhin zählt die Landwirtschaft – und hier besonders die Fleischproduktion – zu den wichtigsten Verursachern von Treibhausgasen. So stammten laut dem Bundesamt für Umwelt 2015 ganze 7,4 % der gesamten Treibhausgas-Emissionen aus der Landwirtschaft, womit diese der zweitgrößte Verursacher von Treibhausgasen in Deutschland wäre. Das Öko-Institut führte 2021 im Auftrag von Greenpeace eine Studie durch und gelangte zu dem Schluss, dass eine Halbierung des Tierbestandes die bestehende Klima-Lücke im Landwirtschaftssektor schließen könnte. Auch die Gesundheit spielt für viele Vegetarier eine wichtige Rolle, was durchaus auch durch die Wissenschaft gestützt wird. In Studien hat man zumindest festgestellt, dass vegetarisch lebende Menschen im Allgemeinen eine gesündere Lebensweise praktizieren als viele Menschen. Zudem konnte der positive Einfluss einer vegetarischen Ernährung auch bei diversen Erkrankungen beobachtet werden. Die Gründe für eine vegetarische Ernährung bzw. Lebensform sind mehr als nachvollziehbar, umso verständlicher ist es daher auch, dass Menschen, die sich selbst vegetarisch ernähren, mit einer fleischbasierten Hundeernährung hadern und nach Alternativen suchen.

1. Linsen sind bei einer vegetarischen Ernährung u. a. der Fleischersatz.

2. Die Buddha-Bowl ist ein sehr beliebtes vegetarisches Gericht (siehe Seite 89).

VERSCHIEDENE FORMEN DER VEGETARISCHEN ERNÄHRUNG

Es gibt verschiedene Formen, sich vegetarisch zu ernähren. Gemein haben sie alle, dass sie mindestens pflanzenbasiert sind. Schauen wir uns die verschiedenen Formen kurz an.

Ovo-Lakto-Vegetarier

Der Ovo-Lakto-Vegetarier ernährt sich pflanzenbasiert und verzichtet auf Produkte, für die Tiere getötet werden mussten. Da das bei Milch (Lakto) und Eiern (Ovo) nicht der Fall ist, können diese Komponenten konsumiert werden. Auch Honig darf auf dem Speiseplan von Ovo-Lakto-Vegetariern stehen, da die Bienen für die Produktion von Honig nicht sterben müssen. Der größte Teil der Vegetarier – nämlich etwa 53 % – ernährt sich so. Die Auswahl der zur Verfügung stehenden Nahrungsmitteln ist hierbei sehr groß ist, daher ist dies auch die ausgewogenste Form, sich vegetarisch zu ernähren. Durch die Kombination von pflanzlichen mit wenigen tierischen Nahrungsmitteln kann eine sehr gute Versorgung mit den meisten Nährstoffen und im Besonderen Proteinen erzielt werden, die eine hohe biologische Wertigkeit haben: Damit ist gemeint, inwieweit die über die Nahrung aufgenommenen Proteine über eine gute Zusammensetzung der Aminosäuren verfügen. Die tierischen Produkte, die Vegetarier zudem sehr häufig in Bio-Qualität bzw. aus artgerechter Tierhaltung konsumieren, decken auch den Bedarf an essentiellen Fettsäuren sehr gut ab. Denn Produkte von Weidetieren enthalten nachweislich mehr Omega-3-Fettsäuren.

Ovo-Lakto für den Hund

1 2

1. Käse ist bei Hunden sehr beliebt und ein guter Proteinlieferant.

2. Eier haben eine hohe biologische Wertigkeit.

Lakto-Vegetarier

Die lakto-vegetarische Ernährung kombiniert entsprechend pflanzliche Nahrungsmittel mit Milchprodukten, verzichtet jedoch ansonsten auf Nahrungsmittel von Tieren (Honig kann auch hier eine Ausnahme sein). Lakto-Vegetarier verzichten oft auf Eier, da sie das Ei als ungeborenes Huhn ansehen und aus ihrer Sicht somit die Tötung eines Tieres stattgefunden hat. Auch die Haltung der Hühner, die trotz der Abschaffung der Käfighaltung nach wie vor vielfach zu wünschen übrig lässt, kann eine Motivation für den Verzicht auf Eier sein.

Wie die ovo-lakto-vegetarische Ernährung bietet auch die lakto-vegetarische Ernährung eine recht große Auswahl an Nahrungsmitteln und kann daher ausgewogen gestaltet werden.

Ovo-Vegetarier

Die Ovo-Vegetarier verzichten komplett auf Milchprodukte und konsumieren dafür Eier. Dabei achten sie jedoch sehr auf die Haltung der Hühner, konsumieren also Bio-Eier bzw. Eier von Hühnern aus artgerechter Haltung. Allerdings kann der Grund für den Verzicht auf Milchprodukte bei einigen Vegetariern auch eine Laktoseintoleranz sein. Bei einer Laktoseintoleranz kann die Laktose in Milch aufgrund eines Mangels an dem Enzym Laktase nicht oder nur in gewissem Umfang aufgespalten werden, was zu Problemen im Verdauungstrakt führt. Eine weitere Motivation dafür, auf Milchprodukte zu verzichten, kann auch die Ablehnung der Milchviehwirtschaft sein. Die Kühe, die für die Milchproduktion genutzt werden, sind ja mehr oder weniger dauer-

Wer den Napf des Hundes vegetarisch füllen möchte, sollte wissen, wie es geht.

Einige Studien zeigten: Je höher die Milchleistung einer Kuh, desto schlechter der Gesundheitszustand.

schwanger und den Kälbern wird die Muttermilch meist vorenthalten. Auch mit einer ovo-vegetarischen Ernährung kann eine ausgewogene Versorgung erreicht werden, wenn auf entsprechende Vielfalt geachtet wird.

Pesco-Vegetarier

Pesco-Vegetarier sind die einzigen „Vegetarier", die tote Tiere konsumieren. Genau genommen sind sie also gar keine Vegetarier, werden jedoch von einigen trotzdem dort einsortiert, wie der Begriff zeigt. Motivation für diese Ernährungsform kann der Wunsch sein, die Nährstoffversorgung zu verbessern, ohne gänzlich auf „Fleisch" zu verzichten. Fische können insofern eine Ausnahme sein, da man unterstellt, dass sie als Kaltblüter weniger fühlen würden als Warmblüter (dazu zählen z. B. Tiere wie Rinder oder Schweine). In dem Standardwerk für Ernährungswissenschaftler „Vegetarische und vegane Ernährung“ von Claus Leitzmann und Markus Keller werden Pesco-Vegetarier allerdings nicht als Vegetarier definiert. Da es hier jedoch um die Ernährung von Hunden geht, soll diese Form trotzdem erwähnt werden.

Halb-Vegetarier bzw. Flexitarier

Flexitarier werden oft auch als Halbvegetarier bezeichnet. Sie essen zwar Fleisch, schränken den Konsum jedoch stark ein. Oft ist der Flexitarismus die Vorstufe für den Vegetarismus. Es besteht durchaus eine positive Einstellung zur vegetarischen Ernährung, man kann sich jedoch (noch) nicht so ganz dafür entscheiden. Flexitarier achten i. d. R. darauf, woher bzw. aus welcher Tierhaltung ihr Fleisch kommt. Häufig besteht der Wunsch, sich gesünder zu ernähren, denn ein hoher Fleischkonsum gilt als Risikofaktor für diverse Erkrankungen.

Flexitarismus liegt mit einem Fleischkonsum von 2–3-mal in der Woche sehr nah bei den Ernährungsempfehlungen der Deutschen Gesellschaft für Ernährung (DGE). 2018 lag der Anteil der Flexitarier laut Handelsmarkenmonitor bei etwa 30 % in der deutschen Bevölkerung. Etwa jeder 3. Deutsche reduziert demzufolge bewusst den Konsum von Fleisch.

Fisch als Proteinquelle im fast vegetarischen Napf kann die Eiweißversorgung sichern.

1

2

3

Veganer

Die konsequentesten Vegetarier sind die Veganer, denn sie verzichten auf jegliche tierische Produkte. Dies bezieht sich normalerweise nicht nur auf die Ernährung, sondern auf die gesamte Lebensweise und ist mitunter gar nicht so leicht umsetzbar. In vielen Produkten des täglichen Lebens verstecken sich tierische Inhaltsstoffe, sei es in den Gummibärchen die Gelatine, Milchprotein in Schuhen oder Fischschuppen in Nagellack. Der Veganismus steht jedoch für die Ablehnung von jeglicher Ausbeutung und Quälerei von Tieren für Nahrung, Kleidung oder auch andere Zwecke. Auch Produkte, für die Tierversuche gemacht wurden, wie für viele Kosmetik- oder Hygieneartikel, stellen ein

Veganer verzichten konsequent.

Nutztierhaltung

1. Weiderinder tragen dazu bei, Grünlandflächen (Kohlenstoffspeicher) zu erhalten.
2. Auch Hühner benötigen für eine artgerechte Haltung Auslauf.
3. Leider: Nur vier von zehn Kühen in Deutschland kommen auf die Weide. Kritik ist also berechtigt.
4. Sogenannte „Nutztiere“ können auch unsere Freunde sein, wenn wir sie gut behandeln.

4

Problem dar. 2020 lebten laut der Allensbacher Markt- und Werbeträger-Analyse etwa 1,13 Millionen Veganer in Deutschland.

Von allen Formen der vegetarischen Ernährung bringt der Veganismus das größte Risiko einer Fehlernährung mit sich, da sich die Abdeckung des Bedarfs von einigen Nährstoffen mitunter recht schwierig darstellt. Deshalb empfiehlt die Deutsche Gesellschaft für Ernährung eine vegane Ernährung nicht für schwangere oder stillende Frauen, Säuglinge, Kinder und Jugendliche. Das Risiko einer Mangelernährung ist bei diesen Gruppen besonders hoch bzw. birgt diese das größte Risiko für eine Fehlentwicklung.

Hunde gehören zwar zur Ordnung der Carnivora, sind deshalb jedoch längst keine Karnivoren.

BRAUCHEN HUNDE UNBEDINGT FLEISCH?

Die Diskussion, ob es möglich ist, einen Hund vegetarisch bzw. pflanzenbasiert zu ernähren, wird sehr leidenschaftlich geführt. Während die einen meinen, dass das kein Problem wäre, weil der Hund ein Allesfresser sei, meinen die anderen, der Hund sei ein Karnivor und wer ihm kein Fleisch geben möchte, solle sich lieber ein Kaninchen, Meerschweinchen oder einen Hamster halten.

Der Hund – ein Karnivor?

Hunde gehören bekanntermaßen zur Ordnung der Raubtiere, deren korrekte lateinische Bezeichnung Carnivora lautet. Diese Bezeichnung bedeutet übersetzt zwar „Fleisch" und „verschlingen", trotzdem ist mit dieser Zuordnung nicht die Ernährungsweise gemeint. Zu den Raubtieren zählen nämlich auch Allesfresser wie Bären oder Füchse und sogar Pflanzenfresser wie der große Panda. Viele Menschen begehen den Irrtum, die Bezeichnung Carnivora mit der Bezeichnung Karnivoren zu verwechseln. Die Karnivoren wiederum sind tatsächlich Fleischfresser und beziehen sich auf die Ernährungsweise. In diese Gruppe gehören dann jedoch nicht nur Säugetiere, sondern diverse Tiere ebenso wie Pflanzen und Pilze, die sich tatsächlich hauptsächlich oder ausschließlich von tierischem Gewebe ernähren. Während die Carnivora also eine Ordnung der Säugetiere sind, können Karnivoren nach der Ernährungsweise unterschieden alle möglichen Tiere sein wie Insekten, Vögel, Fische, Echsen oder auch Schlangen. Der Hund zählt zur Ordnung der Carnivora (Raubtiere), ist jedoch deshalb längst kein Karnivor (Fleischfresser).

Viele Experten sind sich mittlerweile einig, dass der Hund zu den Allesfressern gezählt werden sollte, der allenfalls auf Fleisch spezialisiert ist. Vom National Research Council (NRC) sowie auch in der 5. Ausgabe des Buches Small Animal Clinical Nutrition wird der Hund offiziell als Allesfresser anerkannt. Hinweise darauf gibt auch seine durch Anpassungen entstandene Fähigkeit, Kohlenhydrate bzw. Stärke zu verwerten, die in mittlerweile mindestens drei Studien eindrucksvoll gezeigt wurde. Sein Verdauungstrakt, sein Gebiss und auch sein Fressverhalten zeigen deutlich, dass er als Allesfresser eingeordnet werden kann und sollte. Verhaltensforscher Günther Bloch schreibt in einem seiner Bücher ganz klar, dass der Hund als Allesfresser zu bezeichnen ist. Auch andere Autoren, die sich mit dem Leben von Straßenhunden befasst haben, sehen eine klare Ausrichtung der Hunde als Allesfresser.

Allesfresser werden auch als Nahrungsgeneralisten bezeichnet, da sie keine besonderen Ansprüche in Sachen Nahrung stellen. Dies zeigt sich darin, dass sie äußerst viele verschiedene organische Substanzen wie Fleisch oder Pflanzen verwerten können, was ihnen wiederum Vorteile gegenüber Arten geben kann, die auf eine bestimmte Nahrung spezialisiert sind.

Ob und wie viel Fleisch der Hund fressen sollte, wird unter Hundehaltern heiß diskutiert.

Man kann wohl davon ausgehen, dass nicht zuletzt die Anpassungsfähigkeit und der Opportunismus von Hunden diese für den Menschen als enge Begleiter so interessant gemacht haben. Otto Friedrich, ein bekannter Hundezüchter, empfahl 1889 in seinem Werk „Des edlen Hundes Aufzucht, Pflege, Dressur und Behandlung seiner Krankheiten" entsprechend auch, nicht zu große Mengen Fleisch zu füttern. Mehlsuppe, Brot getränkt in Fleischbrühe, Kartoffelmus, Reis, Graupen und Gemüse oder auch saure Milch bezeichnete Otto Friedrich als normale Nahrungsmittel für Hunde.

In dem Buch „Auf Hundepfoten durch die Jahrhunderte" wird sogar berichtet, dass selbst edle Jagdhunde sehr häufig mit vegetarischer Kost vorlieb nehmen mussten. Zum einen, weil eine Fütterung mit einem hohen Anteil Getreide durchaus als gesunde Hundekost eingestuft wurde, zum anderen natürlich, weil Fleisch nicht in Massen zur Verfügung stand.

Hülsenfrüchte wie beispielsweise Kichererbsen waren einst das „Fleisch" für die Armen.

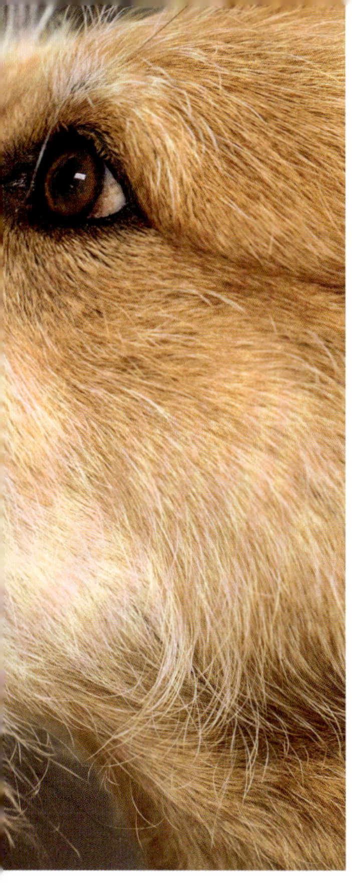

Auch Hunde mögen Hülsenfrüchte mitunter sehr gerne. Aber dürfen sie diese überhaupt fressen?

WARUM ÜBERHAUPT EINEN HUND VEGETARISCH FÜTTERN?

Die Motivation, einen Hund vegetarisch zu füttern, findet sich bei sehr vielen Hundehaltern ebenfalls aufgrund ethisch ausgerichteter Sichtweisen. Vielen erscheint es als Widerspruch, den Hund einerseits artgerecht füttern zu wollen, andererseits eine nicht artgerechte Haltung der Nutztiere dafür in Kauf zu nehmen. Das ist absolut nachvollziehbar, denn wer einmal hinter die Kulisse der konventionellen Nutztierhaltung geblickt hat, wird die Augen davor nicht mehr verschließen können. Nachhaltigkeit und Umweltschutz spielen bei diesen Menschen ebenfalls sehr häufig eine große Rolle. Und tatsächlich sitzt die Hundehaltung mittlerweile aufgrund der hohen Mengen Fleisch, die meist gefüttert werden, bezugnehmend zum Klimaschutz durchaus auf der Anklagebank. Der Spiegel bezeichnete Hunde in einer Ausgabe von Oktober 2021 sogar als „Umwelt-Sau“ und berichtete, auf ein Jahr bezogen wäre einen Hund zu halten etwa genauso umweltschädlich, wie 3700 Kilometer mit dem Auto zu fahren. Der größte Schaden dabei würde durch das Futter auf Fleischbasis verursacht, das für 90 % des CO_2-Pfotenabdrucks verantwortlich wäre.

Der Frage, ob man einen Hund vegetarisch oder sogar vegan füttern kann, wird sich oft sehr dogmatisch angenähert. Dabei muss man aber unbedingt berücksichtigen, dass hier die Frage gestellt wird, ob man KANN, nicht ob man MUSS. Einen Pflanzenfresser wie ein Pferd oder ein Kaninchen MUSS man rein pflanzlich ernähren. Das Kaninchen als Beispiel hat einen Stopfmagen, der ganz anders funktioniert als der Magen eines Allesfressers.

Nicht zuletzt muss die Fütterung außerdem auch von den zur Verfügung stehenden Nahrungsmitteln abhängen. Der Luxus unserer (aktuellen) Zeit ist natürlich, dass man bedingt durch die Globalisierung eine sehr große Auswahl hat. Da wir jedoch zunehmend feststellen, wie sehr die aktuelle Praxis der Nahrungsmittelproduktion unsere Umwelt und unser Klima belasten, stößt dieser Luxus möglicherweise schon bald an seine Grenzen.

Der Hund benötigt bestimmte Nährstoffe, nicht bestimmte Nahrungsmittel

Als Allesfresser ist der Hund durchaus in der Lage, Nährstoffe aus verschiedenen Nahrungsmitteln zu gewinnen. Die Fähigkeit der Verwertung von Stärke als Beispiel wurde hinreichend gezeigt, wobei sie allerdings nicht bei allen Hunderassen gleich ausgeprägt ist.

Wie bei uns Menschen ist die Ernährungsform auch an Faktoren wie die Herkunft geknüpft, die sich auf die Anpassungsfähigkeiten ausgewirkt haben. Eine Laktoseintoleranz ist für Chinesen sowie auch Inder und Afrikaner als Beispiel ziemlich normal, während bei uns eine Laktosetoleranz eher normal ist. Das bedeutet, auch beim Hund gibt es keine generell gültige Antwort auf die Frage, ob und wie man den individuellen Hund vegetarisch oder gar vegan füttern kann. Grundsätzlich ist es sinnvoll, bei der Entscheidung darüber, wie der Hund ernährt werden sollte, auch seine Herkunft zu berücksichtigen. Vielleicht ist das sogar ein Ansatz, den man schon bei der Anschaffung des Hundes berücksichtigen sollte.

Je weiter man außerdem von einer bisher üblichen Ernährung abweicht, umso mehr muss man darauf achten, dass die Nährstoffbilanz stimmt. Man kann davon ausgehen, dass die meisten Hunderassen zumindest weitgehend über pflanzliche Nahrungsmittel versorgt werden können. Zudem haben wir gute Möglichkeiten, die Fütterung des Hundes über hochwertige Nahrungsergänzungsmittel aufwerten zu können. Man KANN die meisten Hunde also durchaus vegetarisch füttern. Wichtig ist dabei vor allem, auf eine ausgewogene und bedarfsdeckende Nährstoffversorgung zu achten.

Als **Allesfresser** können Hunde über viele verschiedene Nahrungsmittel mit Nährstoffen versorgt werden. Man sollte jedoch auch ihre Herkunft berücksichtigen.

Windhunde sind meist an eine Ernährung mit hohem pflanzlichen Anteil (vor allem Getreide) gut angepasst.

Datenlage zur vegetarischen Hundeernährung

Der prozentuale Anteil der Vegetarier unter den Hundehaltern soll laut einer amerikanischen Studie höher sein als der in der Gesamtbevölkerung und könnte danach bei 12 % liegen. In Deutschland haben mittlerweile etwa 21 % der Haushalte einen Hund. Bei einer Gesamtzahl von 42 Millionen Haushalten wären das 8,8 Millionen Haushalte, in denen mindestens ein Hund lebt. Ausgehend von den unterstellten 12 % würde das in Deutschland einem Anteil von etwa 1 Million Hundehaltern, die Vegetarier oder Veganer sind, entsprechen. Einige davon ernähren ihre Hunde schon vegetarisch oder vegan. Geht man nach der Studie, könnte der Anteil bei 27 % liegen, was 270.000 Hundehalter ausmachen würde. Der Studie zufolge sollen jedoch insgesamt 78 % der Hundehalter, die Vegetarier oder Veganer sind, ein Interesse daran haben, ihre Hunde pflanzenbasiert zu füttern. Das wären dann 780.000 unter den Hundehaltern, die Vegetarier oder Veganer sind. Insgesamt zeigten 35 % aller Hundehalter, die an der Studie teilgenommen haben, Interesse an einer veganen oder vegetarischen Hundeernährung. Das würde in Deutschland über 3 Millionen Hundehaltern entsprechen.

Einer Marktanalyse von 2021 zufolge soll der Markt für veganes Hundefutter im Prognose-

Im Gegensatz zur menschlichen Ernährung sind vegane Produkte für Hunde im Regal noch die Ausnahme.

zeitraum 2021 bis 2028 weltweit voraussichtlich mit einer Wachstumsrate von 12,0 % wachsen. Einer Untersuchung von Statista zufolge ist der Markt für vegetarische oder vegane Nahrungsmittel in Deutschland zwischen 2017 und 2019 um 65 % auf 1,2 Millionen Euro gewachsen.

Einer weiteren Untersuchung von Statista zufolge soll der Anteil der Hundehalter, die in Deutschland in Erwägung ziehen, ihre Hunde ganz oder teilweise vegan oder vegetarisch zu füttern, sogar bei 43 % liegen. In einer durch Statista 2019 veröffentlichten Umfrage von 2017 fanden rund 10 % der Haustierhalter es angemessen, wenn Tierhalter ihrem Hund oder ihrer Katze vegetarisches Futter geben. Das würde heute an die 2 Millionen Haushalten entsprechen. Der Anteil dürfte seitdem sogar gestiegen sein.

Nährstoffversorgung im vegetarischen Futter

Grundsätzlich ist es durchaus möglich, einen Hund vegetarisch zu füttern. Sein Verdauungstrakt ist in der Lage, Nährstoffe aus pflanzlichen Nahrungsmitteln zu verwerten.

Alles veggie?

Vegetarische Fütterung von Hunden bedeutet nicht, dem Hund nur noch Gemüse zu geben.

Die meisten Nährstoffe können sowohl mit pflanzlichen als auch tierischen Nahrungsmitteln aufgenommen werden. Das betrifft Proteine, Fette, Kohlenhydrate, Mineralstoffe sowie auch Vitamine. Bei einer vegetarischen Ernährung kommt es natürlich auch darauf an, welche Variante man wählt bzw. welche Nahrungsmittel man nutzt und welche ausgeschlossen werden.

Welche Nahrungsmittel für den Hund grundsätzlich infrage kommen, werde ich später in diesem Buch noch erläutern. Je nach Nahrungsmitteln, die gefüttert werden sollen, muss man bei der Versorgung einiger Nährstoffe etwas genauer hinsehen. Allerdings gibt es auch bei einer fleischhaltigen Ernährung den einen oder anderen Nährstoff, dessen Abdeckung nicht ganz einfach ist. Im Folgenden werden wir daher eine Reihe Nährstoffe betrachten, bei denen die Bedarfsdeckung problematisch sein kann.

PROTEINVERSORGUNG

Eine besondere Betrachtung verdient bei einer vegetarischen Fütterung die Versorgung mit Proteinen, da diese in der üblichen Hundeernährung vor allem durch tierische Komponenten

geliefert werden. Die Proteinversorgung wird üblicherweise vorrangig über Fleisch definiert. Eine vegetarische Fütterung stößt daher bei vielen zunächst einmal auf Skepsis oder wird sogar als Verstoß gegen das Tierschutzgesetzt eingestuft, eine artgerechte Ernährung des Hundes als tierschutzrelevant bezeichnet.
So ganz eindeutig ist jedoch nicht, was genau eine artgerechte Ernährung des Hundes bedeuten würde. Grundsätzlich müsste jede Ernährung als artgerecht eingestuft werden, die den physiologischen Abläufen entspricht und den Nährstoffbedarf deckt. Natürlich ist Fleisch ein guter Lieferant von Proteinen, dabei geht es aber vor allem um die biologische Wertigkeit der Proteine und das betrifft uns Menschen ebenso.

1

2

3

1. In Obst und Gemüse sind Proteine Mangelware, auch wenn sie viele andere Nährstoffe liefern.

2. Milchprodukte sind gute Lieferanten von Proteinen und werden meist gerne gefressen.

3. Wichtig ist vor allem, dass der Hund über sein Futter alle benötigten Nährstoffe bekommt.

Fleisch und Fisch haben eine hohe biologische Wertigkeit und enthalten alle benötigten Aminosäuren.

Biologische Wertigkeit

Die Proteine sind umso hochwertiger, je mehr sie den körpereigenen Proteinen in ihrem Aufbau ähneln. Das nennt man die biologische Wertigkeit. Je höher die biologische Wertigkeit, desto besser können die Proteine verwertet werden und desto weniger werden davon gebraucht. Genau genommen geht es dabei um die Aminosäuren, aus denen die Proteine bestehen. Es gibt mehrere hundert Aminosäuren, von denen 21 für den Proteinaufbau im Körper genutzt werden. Von diesen 21 wiederum sind für den Hund 10 essentiell. Das heißt, sie müssen mit der Nahrung geliefert werden. Die restlichen Aminosäuren kann der Organismus selber bilden, sie sind daher nicht essentiell.

Essentielle Aminosäuren für den Hund sind:

- Histidin
- Lysin
- Leucin
- Isoleucin
- Valin
- Threonin
- Tryptophan

Limitierende Aminosäuren können die Versorgung mit Proteinen bei einer rein pflanzlichen Fütterung verschlechtern.

- Arginin
- Methionin
- Phenylalanin

Bis auf Arginin sind diese Aminosäuren auch für den Menschen essentiell. Man sieht also auch hier, dass der Unterschied zwischen Mensch und Hund oft doch gar nicht so groß ist.

Limitierende Aminosäuren

Damit die Proteine gut genutzt werden können, müssen sie also die nötigen Aminosäuren enthalten. Außerdem müssen sie diese essentiellen Aminosäuren auch in ausreichender Menge enthalten. Das bedeutet, die Versorgung ist auch von derjenigen Aminosäure abhängig, die am wenigsten enthalten ist. Diese nennt man die *limitierende Aminosäure*, weil sie auch die Verwertung der anderen enthaltenen Aminosäuren verschlechtern kann. Denn der Bau der Proteine, die im Körper benötigt werden, funktioniert nur so lange, wie jede dafür benötigte Aminosäure verfügbar ist. Fehlt auch nur eine, kann das entsprechende Protein nicht mehr gebaut werden. Die am wenigsten enthaltene Aminosäure kann daher eine limitierende Wirkung auf den Bau der benötigten Proteine haben.
Wie Sie schon wissen gibt es verschiedene Varianten, eine vegetarische Fütterung zu praktizieren. Der wichtigste Faktor, den man dabei im Auge haben muss, ist die Versorgung mit Proteinen bzw. mit den benötigten Aminosäuren.

Tierische Proteinlieferanten

Die ovo-lakto-vegetarische Fütterung, eventuell sogar noch mit Fisch, bietet eine sehr gute Versorgung mit den essentiellen Aminosäuren. Ei liefert alle benötigten Aminosäuren in einem guten Verhältnis und hat sogar eine höhere biologische Wertigkeit (100) als Fleisch (87). Milchprodukte (86) haben eine ähnliche biologische Wertigkeit wie Fleisch. Auch Fisch hat eine hohe biologische Wertigkeit, die je nach Fisch zwischen 70 und 90 schwankt. Wer den Hund nach dieser Variante füttert, muss sich also um die Proteinversorgung keine Sorgen machen.

Wer regelmäßig Fisch füttert, muss sich um die Proteinversorgung eher keine Sorgen machen.

Milchprodukte wie Frischkäse, Quark und Co können Menschen sowie auch Hunde ebenfalls ausgewogen mit Proteinen versorgen.

Pflanzliche Proteinlieferanten

Auch pflanzliche Nahrungsmittel enthalten natürlich Proteine. Diese sind jedoch zunächst einmal aufgrund der pflanzlichen Zellwände schlechter verdaulich, was man durch die Verarbeitung wie Zerkleinerung und/oder Kochen zu einem Großteil wettmachen kann.

Es gibt durchaus auch pflanzliche Proteinquellen, deren biologische Wertigkeit mit den tierischen vergleichbar ist. So hat Soja als Beispiel eine biologische Wertigkeit von 84, ähnlich hoch also wie die von Fleisch. Die Zusammensetzung der Aminosäuren ist sogar mit der vom Ei vergleichbar, lediglich aufgrund einiger limitierender Aminosäuren ist die biologische Wertigkeit trotzdem nicht so hoch. Man kann die Versorgung mit pflanzlichen Proteinen aber verbessern, indem man bestimmte Nahrungsmittel kombiniert. So kann man den Mangel einer Aminosäure im einen Nahrungsmittel aufheben, indem man ein anderes kombiniert, das von dieser Aminosäure einen hohen Anteil erhält, von einer anderen aber möglicherweise zu wenig. Ein praktisches Beispiel dafür ist Getreide, das viel Methionin enthält, jedoch wenig Lysin. Hülsenfrüchte dagegen enthalten viel Lysin, jedoch wenig Methionin. Durch die Kombination werden die beiden limitierenden Aminosäuren ausgeglichen.

Bei einer vegetarischen Fütterung des Hundes kann man also gut Milchprodukte und Eier, even-

KOMBIS MIT HOHER BIOLOGISCHER WERTIGKEIT

Ein paar Beispiele für eine Kombination von Nahrungsmitteln zur Versorgung mit Proteinen:

- 36 % Ei + 64 % Kartoffel = biologische Wertigkeit 136
- 75 % Milchprodukt + 25 % Getreideprodukt = biologische Wertigkeit 125
- 60 % Ei + 40 % Soja = biologische Wertigkeit 124
- 68 % Ei + 32 % Getreideprodukt = biologische Wertigkeit 123
- 76 % Ei + 24 % Milchprodukt = biologische Wertigkeit 119
- 51 % Milchprodukt + 49 % Kartoffeln = biologische Wertigkeit 114
- 88 % Ei + 12 % Mais = biologische Wertigkeit 114
- 35 % Ei + 65 % Hülsenfrüchte = biologische Wertigkeit 109

(Quelle: Eiweiß – Wissenswertes und Hitlisten von Dr. med. Jürg Eichhorn)

tuell auch Fisch zur Versorgung mit den essentiellen Aminosäuren einsetzen. Will man komplett auf tierische Proteinquellen verzichten, also vegan füttern, sollte man verschiedene pflanzliche Proteinquellen miteinander kombinieren (z. B. Hülsenfrüchte mit Getreide oder Kartoffeln). So ist es möglich, eine ausgewogene Versorgung mit den benötigten Aminosäuren zu erreichen. Damit der Körper nicht die Proteine zur Energieversorgung heranzieht, muss man aber auf jeden Fall dafür sorgen, dass der Organismus über andere Nährstoffe wie Fette und Kohlenhydrate ausreichend mit Energie versorgt wird. Ansonsten könnte es möglicherweise zu einer Unterversorgung mit Aminosäuren kommen.

Klug kombinieren

Milchprodukte wie Hüttenkäse kombiniert mit Kartoffeln ergeben eine hohe biologische Wertigkeit.

WEITERE KRITISCHE NÄHRSTOFFE BEI DER VEGETARISCHEN ERNÄHRUNG

Die folgenden Nährstoffe müssen bei einer vegetarischen Fütterung ebenfalls beachtet werden.

Vitamin B12

Das Vitamin B12 gehört zur Gruppe der B-Vitamine. Diese wiederum gehören zur Gruppe der wasserlöslichen Vitamine, wirken vorwiegend als Coenzyme im Stoffwechsel und können vom Körper kaum gespeichert werden. Das bedeutet, eine regelmäßige Zufuhr ist wichtig. Bei dem Vitamin B12 verhält sich das allerdings etwas anders als bei den anderen B-Vitaminen, der Körper legt hier durchaus einen Speicher an. Der Bedarf kann auch erhöht sein, wenn ein Parasitenbefall vorliegt oder wenn der Hund an einer Dysbakterie im Darm leidet. Da Vitamin B12 an der Synthese von Proteinen beteiligt ist, ist eine ausgewogene Versorgung bei einer vegetarischen Fütterung natürlich besonders wichtig. Die Aufnahme ist zudem limitiert, weshalb eine regelmäßige Versorgung wichtig ist.

Vitamin B12 ist an der Bildung der roten Blutkörperchen beteiligt sowie an Zellteilung und Zellwachstum. Es unterstützt gesunde Nervenfunktionen und ein gesundes Haut- und auch Darmmilieu. Das auch als *Cobalamin* bezeichnete Vitamin befindet sich fast ausschließlich in tierischen Nahrungsmitteln, daher ist eine Ergänzung besonders bei veganen Rationen unbedingt erforderlich. Untersuchungen an Veganern haben nichtsdestotrotz gezeigt, dass diese nur selten einen Mangel haben. Dies könnte zum einen daran liegen, dass die Darmflora möglicherweise einen Teil der Versorgung durch eine eigene Synthese unterstützt, zum anderen entsteht Vitamin B12 auch bei der Fermentierung von Nahrungsmitteln. Milchprodukte und Eier enthalten Vitamin B12, daher ist bei einer vegetarischen Fütterung mit diesen tierischen Komponenten eher kein Mangel an Vitamin B12 zu befürchten.

Wegen der positiven Wirkung auf das Hautmilieu sind B-Vitamine auch eine gute Unterstützung zur Abwehr von Parasiten wie Zecken. Eine dauerhafte oder auch kurweise Fütterung mehrmals jährlich kann Gesundheit und Wohlbefinden des Hundes unterstützen. Daher kann die Zugabe eines Vitamin-B-Komplex-Präparates speziell für den Hund durchaus sinnvoll sein, das man nach den Herstellerempfehlungen dosieren kann. Sie sollten jedoch darauf achten, dass der Tagesbedarf an Vitamin B12 nicht massiv überschritten wird, da sich sehr hohe Dosierungen wiederum ungünstig auf die Gesundheit auswirken können.

1

2

B-Vitamine

1. Eine bedarfsgerechte Zufuhr unterstützt auch die Gesundheit von Haut und Fell.

2. Die Versorgung kann bei einer vegetarischen Fütterung auch über Ergänzungen sichergestellt werden.

L-Carnitin

L-Carnitin ist eine Eiweißverbindung, die der Organismus aus den essentiellen Aminosäuren Methionin und Lysin im Körper selber synthetisieren kann. Aus diesem Grund ist es natürlich wichtig, dass die beiden essentiellen Aminosäuren in ausreichender Menge in der Nahrung enthalten sind. Allerdings wird L-Carnitin bei einer Fütterung mit Fleisch auch direkt aufgenommen und die Versorgung so erhöht. Studien zufolge führen Vegetarier nur etwa 15–25 % der Menge zu, die Mischköstler über die Nahrung aufnehmen und Veganer sogar nur etwa 3–10 %. L-Carnitin spielt sowohl für die Herzgesundheit als auch eine gesunde Skelettmuskulatur eine wichtige Rolle. Hunde, die unter einer besonders hohen sportlichen Belastung stehen, haben daher einen höheren Bedarf bzw. wirkt sich eine höhere Zufuhr leistungsfördern aus. Bei hoher sportlicher Belastung kann eine Zufuhr deshalb sinnvoll sein, auch wenn der Hund nicht vegetarisch gefüttert wird. Bei Herzmuskelerkrankungen hat sich besonders bei großwüchsigen Rassen eine Zufuhr von L-Carnitin bewährt, was ebenfalls auch eine herkömmliche Fütterung betrifft. Ältere Hunde, die vegetarisch gefüttert werden, sollten daher in jedem Fall eine Zugabe von L-Carnitin bekommen. Auch wenn der herkömmlich gefütterte Hund übergewichtig ist, ist eine zusätzliche Gabe von L-Carnitin zu überlegen, da der Fettstoffwechsel durch L-Carnitin unterstützt wird.
Sowohl Methionin als auch Lysin gelten bei einer vegetarischen bzw. veganen Fütterung als limitierende Aminosäuren, daher ist es sinnvoll, L-Carnitin zu ergänzen, ganz besonders bei der veganen Fütterung. Für die vegetarische Hundeernährung stehen dafür speziell für den Hund Ergänzungen zur Verfügung, die man nach Herstellerangaben zufüttern kann.

Taurin

Die schwefelhaltige Beta-Aminosäure Taurin spielt bei der Hundeernährung üblicherweise keine große Rolle. Da der Körper sie aus den Aminosäuren Methionin und Cystein selber synthetisieren kann, ist sie für den Hund nicht essentiell, im Gegensatz zur Katze. Taurin dient u. a. als Neurotransmitter im zentralen Nervensystem und ist an der Regulation der Körpertemperatur, Gehirnentwicklung sowie auch dem Erhalt der normalen Herzfunktion beteiligt. Auch wenn diese Aminosäure nicht grundsätzlich essentiell ist, zeigte sich in klinischen Studien jedoch, dass die Fähigkeit zur Eigensynthese vor allem bei großwüchsigen Rassen eingeschränkt zu sein scheint. Solche Hunde sollten deshalb unbedingt eine Taurin-Ergänzung bekommen, wenn sie vegetarisch gefüttert werden.
Auch bei einer besonders fettreichen Nahrung kann es zu Taurindefiziten bis hin zu Taurinmangel kommen. Ein Mangel an Taurin kann bei Hunden vor allem zu Herzmuskelerkrankungen führen. Auch für Taurin gibt es speziell für den Hund entwickelte Nahrungsergänzungen, die man nach Herstellerangaben zufüttern kann.

NÄHRSTOFFE, DIE GRUNDSÄTZLICH SCHWIERIG ABZUDECKEN SIND

Selbst bei einer üblichen Hundeernährung mit Fleisch gibt es einige Nährstoffe, die über die Nahrungsmittel nicht im ausreichenden Maße zugeführt werden können. Diese Nährstoffe müssen natürlich auch bei einer vegetarischen Fütterung ergänzt werden.

Hunde, die sportlich stark gefordert sind, sollten zusätzlich L-Carnitin bekommen.

Calcium

Hunde die gebarft werden, erhalten ihr benötigtes Calcium üblicherweise über die Fütterung von Knochen. Bei einer vegetarischen Fütterung kommen Knochen als Calciumquelle aber logischerweise nicht in Frage. Vor allem für den Bewegungsapparat ist Calcium ein wichtiger Nährstoff. Wenn über die Ernährung nicht genügend Calcium zugeführt wird, nutzt der Körper zur Versorgung das in den Knochen eingelagerte Calcium, was zu einer Osteomalazie, also einer Knochenerweichung, führen kann. Hier kann aber auch Vitamin D, zu dem wir gleich noch kommen, eine Rolle spielen. Eine Überversorgung mit Calcium im Wachstum kann dagegen vor allem bei großwüchsigen Rassen zu schwerwiegenden Störungen der Knochenentwicklung führen. Calcium ist außerdem wichtig für die Blutgerinnung und die Muskelkontraktionen. Welche Möglichkeiten es bei einer vegetarischen Ernährung gibt, den Hund mit Calcium zu versorgen, erfahren Sie im Folgenden.

Großwüchsige Rassen sind besonders anfällig für Erkrankungen durch eine Überversorgung mit Calcium.

Eierschalen

Eierschale besteht fast zur Hälfte aus Calcium: 100 g Eierschale enthalten etwa 40 g reines Calcium. Als vegetarische Quelle für Calcium sind Eierschalen daher sowohl für den Hund als auch den Menschen sehr gut geeignet. Der Phosphoranteil ist in Eierschalen sehr gering, weshalb manche sich Sorgen machen um das berühmt-berüchtigte Calcium-Phosphor-Verhältnis. Es geht dabei darum, dass der Anteil von Calcium im Futter den Anteil von Phosphor immer überwiegen sollte, jedoch nicht mehr als das Doppelte betragen sollte. Das optimale Calcium-Phosphor-Verhältnis wäre 1,3 : 1. Ein ungünstiges Verhältnis der beiden Nährstoffe zueinander kann sich negativ auf die Aufnahme der Nährstoffe auswirken. Phosphor ist allerdings in fast allen Nahrungsmitteln enthalten, weshalb man sich um die Versorgung des ausgewachsenen Hundes keine Sorgen machen muss. Das Hauptaugenmerk sollte daher auf einer ausreichenden Versorgung mit Calcium liegen. Für Welpen ist Eierschalenmehl zur Versorgung mit Calcium jedoch eher ungeeignet. Bei Nierenerkrankungen eignet sich Eierschalenpulver dagegen aufgrund des niedrigen Phosphorgehaltes besonders gut zur Calciumversorgung.
Da Eierschalen in fast allen Haushalten anfallen, muss man Eierschalenpulver nicht unbedingt kaufen. Man kann die anfallenden Eierschalen z. B. mit einem Mörser oder einer alten Kaffeemühle zu Pulver zerkleinern und so für die Calciumversorgung des Hundes nutzen. Um eine Infektion mit Krankheitskeimen zu verhindern, die sich auf der Oberfläche der Eierschalen befinden können, sollten die Eierschalen von rohen Eiern im Backofen sterilisiert werden. Dazu legt man die Eierschalen für etwa 15 Minuten bei 200 Grad Celsius in den Backofen.

Dosierungsempfehlung: Um den Bedarf an Calcium zu decken, kann man dem Hund täglich etwa ¼ TL Eierschalenpulver pro 5 kg Körpergewicht zum Futter geben.

Mit einer Kaffemühle kann man aus Eierschalen ganz einfach selber Eierschalenmehl herstellen.

Austern für den Hund

Austernschalen eignen sich für den Hund hervorragend zur Versorgung mit Calcium.

Austernschalenpulver

Austernschalenpulver ist ebenfalls eine natürliche Möglichkeit, um den Hund bei einer vegetarischen Fütterung mit Calcium zu versorgen. Die Austernschalen bestehen etwa zu einem Anteil von 30 % aus natürlichem Calcium und enthalten zusätzlich kleine Mengen weitere Nährstoffe wie Magnesium und auch etwas Jod.

Dosierungsempfehlung: Um den Bedarf an Calcium zu decken, kann man dem Hund täglich etwa 1 g Austernschalenpulver pro 5 kg Körpergewicht zum Futter geben.

Algenkalk

Algenkalk ist eine natürliche vegane Calciumquelle und enthält einen Anteil von etwa 30 % natürlichem Calcium, das vom Hund gut aufgenommen werden kann. Zusätzlich sind noch weitere Nährstoffe in kleinen Mengen enthalten, wie Magnesium, Jod, Selen, Zink, Kupfer sowie Kieselsäure, die sich positiv auf Fell und Haut auswirken kann. Algenkalk sollte nach Herstellerangaben dosiert werden.

Jod

Jod spielt vor allem im Hinblick auf die Schilddrüse eine tragende Rolle, es wird dort benötigt, um die Schilddrüsenhormone Thyroxin (T3) und Triiodthyronin (T4) zu bilden. Die Schilddrüsenhormone wiederum beeinflussen eine Reihe wichtiger Funktionen im Körper. Ein Jodmangel wirkt sich auf viele verschiedene

Funktionen des Organismus aus. Lt. Meyer/Zentek „Ernährung des Hundes" ist ein Jodmangel bei Hunden nicht ungewöhnlich. Viele Einzelfuttermittel enthalten nicht ausreichend Jod, um den Hund adäquat zu versorgen. Jod ist hitzeempfindlich, weshalb durch längeres Kochen von jodhaltigen Komponenten Verluste entstehen. Auch sogenannte Antagonisten im Futter können die Aufnahme und Umwandlung von Jod hemmen. So können in Leinsamen enthaltene Blausäure oder auch Glucosinolate, die in Kohlarten vorkommen, eine hemmende Wirkung auf die Jodaufnahme und Synthese von Thyroxin haben. Huminsäuren sowie auch Nitrat, die sich im Trinkwasser befinden, werden ebenfalls als Jodhemmer diskutiert. Huminsäuren binden Jod im Magen-Darm-Kanal, wodurch das Jod nicht mehr ausreichend resorbiert werden kann. So hatten Untersuchungen ergeben, dass 25 mg Huminsäure pro Liter Wasser circa 70 mg Jod neutralisieren können. Hohe Gehalte an Nitrat im Trinkwasser setzen die Jodaufnahme insgesamt herab, da Nitrat die gleichen Bindungsstellen im Organismus besetzt wie Jod.

Für die Bildung der Schilddrüsenhormone aus Jod ist auch eine Aminosäure sehr wichtig, nämlich Tyrosin. Diese Aminosäure ist jedoch nicht essentiell, da der Körper sie aus Phenylalanin bilden kann. Neben tierischen Nahrungsmitteln enthalten vor allem Hülsenfrüchte die essentielle Aminosäure Phenylalanin. Bei einer vegetarischen Fütterung sollte man also im Hinblick auf die Schilddrüse auch auf eine ausreichende Versorgung mit Phenylalanin bzw. Tyrosin achten.

In Leinsamen enthaltene Blausäure kann die Jodaufnahme hemmen.

SELEN

Selen beeinflusst den Jodstoffwechsel ebenfalls entscheidend, da es für die Umwandlung des Schilddrüsenhormons Thyroxin (T4) in seine aktive Form, das sogenannte T3 (Triiodthyronin), benötigt wird. In der Hundeernährung ist Selen ein relativ unberücksichtigter Nährstoff. Einerseits soll seine Dosierungsbreite relativ gering sein, weshalb man eine Überdosierung vermeiden sollte. Andererseits ist Selen für eine gesunde Funktion der Schilddrüse sehr wichtig und die meisten pflanzlichen Nahrungsmittel enthalten aufgrund der Verbreitung selenarmer Böden nur wenig von dem Spurenelement. Wer für die Versorgung des Hundes mit wichtigen Nährstoffen keine Komplettergänzung nutzt, sollte neben den Hülsenfrüchten, die vergleichsweise höhere Mengen Selen enthalten, dem Hund öfter einmal zerkleinerte Paranüsse zum Futter geben. Eigelb enthält ebenfalls Selen und falls Sie Fisch füttern wollen, können Sie auch damit die Selenversorgung Ihres Hundes verbessern.

Deutschland gilt nach wie vor als Jodmangelgebiet, die Jodversorgung in der Bevölkerung ist in den letzten Jahren sogar wieder rückläufig. Über die herkömmlichen Nahrungsmittel lässt sich der Jodbedarf nicht decken – weder beim Menschen noch beim Hund. Für Menschen wird hier vor allem die Nutzung von jodhaltigem Speisesalz empfohlen, das man natürlich auch dem Hund zukommen lassen kann. Dabei liefern 5 g jodiertes Speisesalz rund 100 µg Jod (es gibt jedoch Unterschiede in den Angaben zu den Jodgehalten). Der Hund hat einen Bedarf von etwa 15 µg pro kg Körpergewicht. Ein Hund, der 10 kg wiegt, bräuchte am Tag also etwa 150 µg Jod, was rund 7,5 g (ca. 1,5 TL) jodiertem Speisesalz entsprechen würde. Falls Sie Sorge haben, das Salz könnte für den Hund schlecht sein, ist dies unbegründet. Auch Hunde haben einen Bedarf an Salz bzw. Natrium und ihre Toleranzgrenze für Salz ist recht hoch, wie Untersuchungen zeigten.

Neben jodiertem Speisesalz stellt auch Seealgenmehl eine gute Möglichkeit zur Deckung des Bedarfs an Jod dar.

Nicht alle Algen eignen sich zur Versorgung mit Jod, zudem können die Jodgehalte stark schwanken.

Seealgen

Eine andere gute Jodquelle für Hunde sind Algen, die jedoch aus dem Meer stammen sollten, da nur diese entsprechend hohe Mengen an Jod enthalten. Die Seealge *Ascophyllum Nodosum* eignet sich sehr gut dafür. Der Jodgehalt sollte in etwa bei 0,05 % (entspricht 500 mg Jod in 1 kg Seealgen) liegen, um den folgenden Dosierungsempfehlungen zu entsprechen. Diese Angaben kann man in den Analysedaten einsehen oder erfragen.

Dosierungsempfehlung, die bei entsprechendem Jodgehalt Anwendung finden kann:

– 5–9 kg Gewicht: tgl. Dosierung 0,25 g, wöchentlich 1,75 g
– 10–15 kg Gewicht: tgl. Dosierung 0,5 g, wöchentlich 3,5 g
– 16–25 kg Gewicht: tgl. Dosierung 0,75 g, wöchentlich 5,25 g
– 26–45 kg Gewicht: tgl. Dosierung 1 g, wöchentlich 7 g
– 46–65 kg Gewicht: tgl. Dosierung 1,5 g, wöchentlich 10,5 g

1

1. Vitamin D ist ein fettlösliches Vitamin, daher sollte die Nahrung Fett enthalten.

2. Vegane Vitamin-D-Öle enthalten beispielsweise aus Flechten gewonnenes Vitamin D.

Vitamin D

Menschen decken einen Großteil ihres Vitamin-D-Bedarfs über das Sonnenlicht, beim Hund ist das wenig bis gar nicht der Fall. Entsprechend ist es umso wichtiger, den Hund über die Ernährung gut mit Vitamin D zu versorgen. Vitamin D gehört zu den fettlöslichen Vitaminen und wird vom Köper gespeichert. Ein Zuviel an Vitamin D wird also nicht ausgeschieden, sondern vom Körper gespeichert. Im Gegensatz zu vielen anderen Vitaminen ist es kaum möglich, den Vitamin-D-Bedarf über Nahrungsmittel zu decken. Nur wenige Nahrungsmittel enthalten ausreichende Mengen davon. Leber und Fisch (Dorschlebertran) enthalten viel Vitamin D, weshalb es früher üblich war, Kinder regelmäßig mit Lebertran zu versorgen. Bei der vegetarischen Fütterung kommt Leber natürlich nicht in Frage. Lebertran vom Dorsch wäre vielleicht eine Option, wenn man Fisch füttert. Der Dorsch gehört jedoch zu den gefährdeten Fischarten, weshalb 2016 von der EU-Kommission eine Fangquotenkürzung beschlossen wurde. Vegetarier sind sehr häufig auch an der Nachhaltigkeit und dem Umweltschutz interessiert, weshalb viele sicherlich eine Fütterung von Dorsch oder auch Dorschlebertran kritisch sehen. Eine weitaus bessere Variante zur Versorgung mit Vitamin D ist die Gabe eines Vitamin-D-Öles, das sich auch für Hunde eignet.

Lebertran eignet sich nicht für die Versorgung mit Vitamin-D bei einer vegetarischen Ernährung, es sein denn, man füttert auch Fisch.

Vitamin-D-Öl

Pflanzliches Vitamin D3 wird beispielsweise aus Flechten gewonnen. Zur optimalen Aufnahme des fettlöslichen Vitamin D3 wird es auf Ölbasis zur Verfügung gestellt. Auch Hunde können pflanzliches Vitamin D verwerten. Für die richtige Dosierung ist es wichtig, auf die Konzentration des Öles zu achten. Vor allem bei kleinen Hunden sollte man eine niedrigere Konzentration wählen, wie z. B. 200 IE pro Tropfen. Man kann beispielsweise Produkte für den Hund nutzen, die für Kinder angeboten werden. Vitamin K, das häufig in Vitamin-D-Ölen enthalten ist, soll die Verwertung von Calcium unterstützen. Es wird zwar zu einem großen Teil vom Organismus selber gebildet, der Bedarf steigt jedoch durch die Aufnahme von Vitamin D an. Auch für den Hund kann man diese Kombi-Präparate ruhig nutzen. Hunde haben einen täglichen Bedarf von etwa 10 IE pro kg Körpergewicht.

2

Tägliche Dosierung bei einer Konzentration von 200 IE:

- 5 kg Gewicht: 2 Tropfen
- 10 kg Gewicht: 4 Tropfen
- 15 kg Gewicht: 5 Tropfen
- 20 kg Gewicht: 6 Tropfen
- 25 kg Gewicht: 7 Tropfen
- 30 kg Gewicht: 8 Tropfen
- 35 kg Gewicht: 9 Tropfen
- 40 kg Gewicht: 10 Tropfen
- 50 kg Gewicht: 12 Tropfen
- 60 kg Gewicht: 14 Tropfen

Essentielle Fettsäuren

Fette und Öle sind ein wichtiger Bestandteil der Hundeernährung. Sie liefern Energie und wichtige Nährstoffe wie essentielle Fettsäuren. Die essentiellen Fettsäuren Omega-3 und Omega-6 beeinflussen den Stoffwechsel und unterstützen das Herz-Kreislauf-System. Da bei einer vegetarischen Ernährung nur wenige oder gar keine tierischen Produkte zum Einsatz kommen, ist die Versorgung über pflanzliche Öle besonders wichtig. Daher sollten kleine Hunde (1–15 kg) ca. 1 TL Pflanzenöl täglich zum Futter bekommen, mittelgroße Hunde (15–30 kg) ca. 1 EL und große Hunde (30–60 kg) ca. 1–2 EL.

Eine gute Versorgung mit essentiellen Fettsäuren sorgt auch für ein schönes Fell.

Die folgenden Öle können beispielsweise bei einer vegetarischen Fütterung des Hundes eingesetzt werden:

LEINÖL hat einen hohen Anteil an Omega-3-Fettsäuren, der sogar höher liegen soll als der im Fischöl. Durch den hohen Gehalt an Omega-3-Fettsäuren ist es Futter für das Gehirn und wirkt entzündungshemmend. Ein Mangel kann zu Konzentrationsstörungen bis hin zu Verhaltensänderungen führen. Auch auf die Blutfettwerte und den Blutdruck kann es sich günstig auswirken. Leinöl muss gut gelagert und schnell verbraucht werden, da es sehr lichtempfindlich ist. Leinsamen können ebenfalls eingesetzt werden, sollten jedoch kurz vor der Fütterung (nicht auf Vorrat) geschrotet werden, damit die Nährstoffe verfügbar sind. Sie enthalten zudem einen hohen Anteil an Ballaststoffen und können so auch bei Problemen mit der Verdauung wie Verstopfung oder Durchfall zum Einsatz kommen. Aufgrund der enthaltenen Blausäure sollte man jedoch keine großen Mengen füttern bzw. die Leinsamen kochen.

HANFÖL enthält einen hohen Anteil Omega-3 und Omega-6-Fettsäuren. Neben dem Farbpigment Chlorophyll, das Pflanzen ihre grüne Farbe gibt und viele gute Eigenschaften haben soll, enthält Hanföl auch etwas Eisen und Magnesium. Auch der Gehalt an Vitamin E ist beachtlich. Das ist insofern sehr günstig, da der Bedarf an Vitamin E erhöht wird durch die enthaltenen essentiellen Fettsäuren. Seine Haltbarkeit ist unproblematischer als die von Leinöl. Auch Hanfsamen haben alle genannten günstigen Eigenschaften und können in der vegetarischen Hundeernährung eingesetzt werden.

OLIVENÖL werden besonders wegen eines hohen Anteils (ca. 75 %) der einfach ungesättigten Fettsäure Ölsäure, die zu den Omega-9-Fettsäuren zählt und nicht essentiell ist, gesunde Eigenschaften nachgesagt. Es soll sich u. a. günstig auf den Blutdruck und den Cholesterinspiegel auswirken, die Gehirnfunktionen unterstützen und eine antikanzerogene Wirkung haben. Es dient der Prävention von Herz- und Kreislauferkrankungen, hat entzündungshemmende und schmerzstillende Eigenschaften, hilft bei der Verdauung von Pflanzenstoffen und soll sogar vor Verschleißerscheinungen der Gelenke schützen. Es enthält jedoch praktisch keine Omega-3-Fettsäuren und auch nur geringe Anteile der Omega-6-Fettsäuren.

DISTELÖL wird aufgrund eines hohen Gehalts an Linolsäure häufig bei der Therapie von Hautproblemen eingesetzt und enthält einen mittelhohen Anteil an Vitamin E. Allerdings steht es auch im Verdacht, Krebs zu begünstigen und hat ein ungünstiges Verhältnis der Omega-3- zu den Omega-6-Fettsäuren bzw. enthält praktisch keine Omega-3-Fettsäuren. Es sollte daher nur gelegentlich gefüttert werden.

AUCH VEGANES ALGENÖL verfügt durch die Photosynthese der Algen über einen sehr hohen Gehalt an Omega-3-Fettsäuren. Die Algen sind die natürliche Nahrungsquelle, aus der Fische diese Fettsäuren beziehen. Das Algenöl ist i. d. R. hochkonzentriert und muss daher nur in sehr kleinen Mengen gefüttert werden.

Kleine Hanfnüsschen

Ungeschälte Hanfsamen sollten für den Hund gemahlen werden, damit er die Nährstoffe aufnehmen kann.

1

2

1. Komplettergänzungen machen die Versorgung mit allen wichtigen Nährstoffen einfach.

2. Damit der Hund möglichst lange fit und gesund bleibt, sollte er gut versorgt sein.

KOKOSÖL enthält ebenfalls keine essentiellen Fettsäuren. Es kann jedoch hilfreich dabei sein, Gewicht zu halten oder zu reduzieren, da die enthaltenen mittelkettigen Fettsäuren nicht so leicht zu Speicherfetten gemacht und als Fettdepots gelagert werden. Es wirkt auch als Schutz für die Leber und stärkt das Immunsystem. Besonders hervorzuheben ist sein hoher Anteil an Laurinsäure, die gegen Viren und Bakterien wirken kann. Innerlich wirkt es auch wurmwidrig, äußerlich wehrt es Zecken ab. Da Kokosfett aus mittelkettigen Fettsäuren besteht, kann es bei Problemen mit der Fettverdauung oder auch bei Erkrankungen der Bauchspeicheldrüse als Energiequelle eingesetzt werden. Mittelkettige Fettsäuren müssen nicht enzymatisch aufgespalten werden, sondern können von den Darmzellen zumindest zu einem Teil direkt aufgenommen werden. Aus diesem Grund belasten mittelkettige Fettsäuren nicht die Galle bzw. Leber und die Bauchspeicheldrüse.

Komplettergänzungen

Sie haben nun eine ganze Reihe Ergänzungen kennengelernt, über die Sie Ihren Hund bei einer vegetarischen Fütterung gut mit Nährstoffen versorgen können, deren Bedarfsdeckung problematisch ist. Das Hantieren mit allen möglichen Mittelchen und Pülverchen ist allerdings nicht jedermanns Sache und muss auch nicht sein. Hinzu kommt, dass bei einer Frischfütterung oft auch die Versorgung mit einigen Mineralstoffen wie beispielsweise Zink nicht ganz optimal ist, weshalb diese sich in vielen Ergänzungsfuttermitteln zur Frischfütterung befinden. Mittlerweile gibt es auch für die vegetarische Fütterung von Hunden Komplettergänzungen, die alles enthalten, was der Hund an zusätzlichen Nährstoffen bekommen sollte, so auch L-Carnitin und Taurin.

WICHTIG Soll der Hund rein vegan ernährt werden, also ohne jegliche tierische Komponenten, ist eine solche Komplettergänzung in jedem Fall sehr zu empfehlen. Beispiele dafür finden Sie im Anhang.

Das Futter soll schmecken und bedarfsdeckend sein.

FUTTERMITTEL-KUNDE UND RATIONS-GESTALTUNG

KICHERERBSEN UND CO.

Pflanzliche Nahrungsmittel spielen bei der vegetarischen Fütterung natürlich eine wichtige Rolle.

NICHT NUR WAS, SONDERN AUCH WIE

Pflanzliche Nahrungsmittel

Pflanzliche Nahrungsmittel liefern Energie in Form von Kohlenhydraten sowie Proteine, Vitamine, Mineralstoffe, sekundäre Pflanzenstoffe und natürlich wichtige Ballaststoffe.

HÜLSENFRÜCHTE UND TOFU

Bohnen und Hülsenfrüchte liefern viel Eiweiß und können in einer vegetarischen oder veganen Ration als Fleischersatz dienen. Falls der Hund noch nie Hülsenfrüchte gefressen hat, sollte man es langsam angehen und mit kleinen Mengen starten. Dafür eignen sich am besten Kichererbsen, da diese oft besser vertragen werden als Linsen, Bohnen oder die grünen Erbsen. Wir Menschen kennen das auch, wie ein bekanntes Sprichwort ausdrückt. Wer nicht oft Hülsenfrüchte isst, kann davon leicht Blähungen bekommen. Grund dafür ist der hohe Anteil an Ballaststoffen, an den sich die Darmbakterien erst gewöhnen müssen.

Wir haben in vorherigen Kapiteln schon über die biologische Wertigkeit der Proteine gesprochen. Sojabohnen und Produkte daraus haben einen besonders hochwertigen Proteingehalt, vergleichbar mit Fleisch, da die Zusammensetzung der Aminosäuren ähnlich gut ist wie bei Fleisch.

WICHTIG Hülsenfrüchte sollten für den Hund gut durchgekocht werden und um die Verdaulichkeit zu verbesser, kann man sie für den Hund ruhig auch zusätzlich im Mixer pürieren. Getrocknete Hülsenfrüchte sollten zudem vor dem Kochen wie üblich über Nacht in Wasser eingeweicht werden. Das verkürzt die Garzeit und macht sie zudem bekömmlicher.

1

2

Was man beachten sollte

1. Sowohl Getreide als auch Kartoffeln sind gute Quellen für Kohlenhydrate.
2. Das Einweichen von Getreide in Wasser reduziert den Gehalt an Phytinsäure.
3. Nordische Rassen wie der Husky können das Kohlenhydrat Stärke nicht so gut verwerten.
4. Wenn der Hund Tofu mag, ist das ein guter Fleischersatz.

Tofu und Tempeh

Tofu besteht aus geronnener Sojamilch, die gesiebt und zu einem Block gepresst wurde. Der Eiweißgehalt ist sehr hoch und hat eine hohe biologische Wertigkeit. Im Prinzip gilt für Tofu, was für Soja gilt. Man kann Tofu sowohl „roh" (die enthaltenen Sojabohnen wurden gekocht) füttern als auch gegart. Hier darf die Vorliebe des Hundes entscheiden oder auch, wie er das Tofu am besten verträgt. Auch Tempeh besteht aus Sojabohnen. Die Besonderheit besteht darin, dass die Sojabohnen nach dem Kochen mit Edelschimmelpilzen „geimpft" und anschließend fermentiert wurden. Durch die Pilze entsteht ein besonderer Geschmack, wodurch Tempeh auch als Alternative fur Camembert genutzt wird. Die Fermentierung macht Tempeh besser verdaulich und es werden dabei weitere Nährstoffe gebildet. Auch Tempeh muss für den Hund nicht weiter verarbeitet werden, das wäre sogar kontraproduktiv für die verschiedenen guten Stoffe, die sich bei der Fermentierung gebildet haben.

GETREIDE UND CO

Kohlenhydrate können von den meisten Hunden gut als Energielieferanten genutzt werden und liefern außerdem

4

Bei der vegetarischen Fütterung ist die Akzeptanz von Getreide höher als bei anderen Fütterungsformen.

3

wichtige Ballaststoffe für die Darmbakterien. Natürlich stecken in den verschiedenen Quellen für Kohlenhydrate noch weitere Nährstoffe wie Proteine, Mineralstoffe und Vitamine. Vor allem Kartoffeln und Getreideprodukte enthalten einen hohen Anteil Kohlenhydrate, während in Gemüse und Obst nur geringe Anteile enthalten sind.
Wie gut Hunde Kohlenhydrate wie Stärke verwerten können, ist auch von der Rasse und Herkunft des Hundes abhängig. So können orientalische Windhunderassen Stärke i. d. R. sehr gut verwerten, während das bei Huskys anders aussehen kann. Entscheidend ist, welche Rolle Ackerbau und die Ernährung mit stärkehaltigen Nahrungsmitteln im Ursprungsland spielen bzw. im Laufe der Geschichte gespielt haben.

Getreide

Getreide – besonders Weizen – wurde den Hundehaltern in den letzten Jahren etwas madig gemacht. So hieß es, Hunde könnten dieses nicht verwerten, es würde Allergien auslösen oder Entzündungen begünstigen. Allerdings sind all diese Behauptungen wissenschaftlich nicht haltbar.
In der vegetarischen Hundeernährung spielt Getreide eine relativ wichtige Rolle, nichtsdestotrotz wird Weizen auch da nicht selten gemieden. Grund dafür ist oft der recht hohe Gehalt an Gluten. Vielfach gilt es als „gesund“, auf Gluten zu verzichten. Gluten ist aber eigentlich vor allem für einen kleinen Kreis Menschen problematisch, die an einer Zöliakie leiden. Beim Hund gibt es diese Form der Erkrankung praktisch nicht, lediglich beim Irish Setter kann eine erblich bedingte Vorbelastung vorliegen, die zu einer ähnlichen Erkrankung führen kann. Einer Umfrage zufolge füttern gerade einmal 22,4 % der Hundehalter, die vegetarisch füttern, frei von Getreide. Es handelt sich also um einen recht geringen Anteil.

1

2

3

An Getreide eignet sich so ziemlich alles, was auch wir Menschen essen. Das können z. B. Haferflocken oder andere Vollkornflocken wie Hirseflocken sein, Nudeln aus Getreide oder auch Reis. Buchweizenflocken, Amarant oder auch Quinoa zählen zu den sogenannten Pseudogetreiden, die man ebenfalls füttern kann. Diese gelten bei vielen Menschen als gesünder, da sie häufig kein Gluten enthalten, was jedoch nicht auf alle zutrifft. Der grundsätzliche Unterschied besteht darin, dass echtes Getreide zur Familie der Süßgräser zählt, während Pseudogetreide von verschiedenen Pflanzenfamilien stammt.
Man kann Getreideflocken roh füttern oder auch aufkochen und/oder einige Minuten in Wasser quellen lassen. Rohe Hirseflocken sollten immer 20–30 Minuten vor der Fütterung in etwas Wasser einweichen, wenn man sie nicht kochen möchte. Quinoa sollte etwa 20 Minuten gekocht werden und dann noch etwa 15 Minuten aufquellen. Nudeln sowie auch Reis sollten für den Hund immer weich gekocht werden, damit er sie gut verwerten kann.

1. Kartoffeln sollte man zusätzlich mit der Gabel zerdrücken.

2. Haferflocken kann man auch roh füttern.

3. Als Proteinquelle kann man Milchprodukte mit Tofu und Co abwechseln.

4. Gemüse und Obst geben der Ration mit vielen Vitaminen, Mineralstoffen und sekundären Pflanzenstoffen den letzten Kick.

Sonderfall Seitan

Seitan ist ein recht beliebter veganer Fleischersatz und besteht aus Weizenmehl, Wasser und Gluten aus Weizen. Der Eiweißgehalt ist mit ca. 30 g pro 100 g Seitan ziemlich hoch, allerdings ist beispielsweise die Aminosäure Lysin nur gering enthalten, bildet also eine limitierende Aminosäure. Sie sollten daher darauf achten, Seitan möglichst mit Hülsenfrüchten zu kombinieren, da diese vergleichsweise viel Lysin enthalten. Seitan sollte nicht roh gefüttert werden, sondern wie Fleisch gegart werden.

Kartoffeln

Kartoffeln eignen sich ebenso als weitere Quelle für gekochte Kohlenhydrate in der Hundeernährung sowie auch Süßkartoffeln. Da die Kartoffeln zu den Nachtschattengewächsen zählen (nicht die Süßkartoffeln), können sie Solanin enthalten, eine giftige Substanz. Dieses befindet sich vor allem z. B. in grünen Stellen oder auch den farbigen Keimlingen, die deshalb immer sorgfältig entfernt werden sollten. Solanin ist zudem wasserlöslich und wird durch Kochen im Wasser ausgelöst, weshalb gekochte Kartoffeln unbedenklich sind. Achten Sie darauf, dass die Kartoffeln für den Hund weichgekocht sind.

GEMÜSE UND OBST

Gemüse und Obst liefern vor allem Vitamine und Mineralstoffe sowie auch Ballaststoffe und sekundäre Pflanzenstoffe. Der Anteil an Kohlenhydraten in Obst und Gemüse hält sich, wie schon erwähnt, eher in überschaubaren Grenzen.

4

Bunte Vielfalt

1. Äpfel sind regionales Obst und werden von Hunden oft gerne gefressen.

2. Auch Hunde dürfen die üblichen Nachtschattengewächse entgegen Gerüchten getrost fressen.

1

NACHTSCHATTENGEWÄCHSE UND SOLANIN

Tomaten, Paprika, Auberginen sowie auch Kartoffeln sind Nachtschattengewächse und enthalten Solanin. Dabei handelt es sich um ein Saponin, das den Pflanzen als Abwehrstoff gegen Feinde wie beispielsweise Insekten oder auch Pilzbefall dient. Aber nicht nur für den Hund, sondern auch für uns Menschen, ist Solanin eine schwach giftige Verbindung. Während eine Solaninvergiftung früher relativ häufig vorkam, ist sie heute selten geworden. Das hat vor allem damit zu tun, dass der Gehalt an Solanin in den Nachschattengewächsen durch Züchtung reduziert wurde. Daher enthalten herkömmliche Kartoffelsorten oder auch Paprika heute deutlich weniger Solanin, können also relativ unbedenklich konsumiert werden. Man sollte jedoch vor allem bei Kartoffeln auf eine dunkle Lagerung achten, da der Solaningehalt durch unsachgemäße Lagerung wieder ansteigen kann. Da der Solaningehalt beim Reifungsprozess abgebaut wird, enthalten reife, rote Tomaten viel weniger Solanin als grüne, unreife. Auch Erhitzung hilft nicht grundsätzlich gegen das giftige Solanin, denn Solanin ist hitzebeständig. Es ist jedoch wasserlöslich und geht beim Kochen zumindest teilweise ins Kochwasser über. Nur die Auberginen enthalten im Gegensatz zu Kartoffeln, Paprika und Tomaten relativ viel Solanin. Sie sollten daher nicht allzu häufig und vor allem nicht roh verzehrt werden.

Gemüse

Die meisten Gemüsesorten, die wir selber essen, eignen sich auch für den Hund. Möhren, Rote Bete, Gurken, Spinat, Mangold, Kürbis, Kohlrabi, Blumenkohl, Fenchel, Zucchini, Pastinaken, Topinambur, Rote Beete, Schwarzwurzeln, Petersilienwurzel oder Spargel stellen nur einen Auszug dar, was an Gemüse so alles im Hundenapf landen kann.
Auch die meisten Salatsorten wie beispielsweise Eisbergsalat, Endiviensalat, Kopfsalat, Feldsalat, Rucola, Mangold, Chicorée oder beispielsweise auch Löwenzahn eignen sich sehr gut für Hunde.

WICHTIG Vorsicht bei Zwiebeln und Knoblauch: Diese können in größeren Mengen für Hunde giftig sein.

2

Kohl

Kohlsorten sollten eher nicht in großen Mengen gefüttert werden, da sie zu Blähungen führen können. Es ist aber auch eine Frage der Gewöhnung, daher sollte man mit kleinen Mengen anfangen. Auch das Kochen von Kohl kann die Verträglichkeit verbessern. Es eignen sich praktisch alle Kohlsorten, die wir Menschen verzehren, also beispielsweise Blumenkohl, Kohlrabi, Grünkohl, Chinakohl, Brokkoli, Wirsing oder Spitzkohl.

Obst

Obst kann in kleinen Mengen den Hundenapf aufwerten. Allerdings reagieren manche Hunde empfindlich auf den hohen Säuregehalt von Zitrusfrüchten und leiden an Sodbrennen. Zudem enthält Obst viel Fruchtzucker, was letztendlich auch ein Zucker ist. In Amerika gilt Fruchtzucker mittlerweile als einer der größten Dickmacher, also nicht wirklich gesund. Natürlich enthält Obst viele gute Nährstoffe, diese finden sich aber auch im Gemüse. Kleine Mengen Obst dürfen daher sein, zwingend erforderlich ist es aber nicht.
Ansonsten eignen sich die meisten Sorten, die auch wir Menschen essen wie beispielsweise Äpfel, Bananen, Birnen, Aprikosen, Brombeeren, Himbeeren, Heidelbeeren, Johannisbeeren, Kirschen, Pflaumen, Melonen, Mango, Pfirsiche, Papaya, Pflaumen, Ananas, Kiwi, Feigen oder Kaki.
Äpfel – vor allem die Schale – enthalten viel Pektin, einen Ballaststoff, der sich günstig auf die Gesundheit auswirken kann.

WICHTIG

Da die Kerne/Steine im Obst giftig sein können, sollten sie auf keinen Fall mitgefüttert werden. Weintrauben sind für Hunde tabu, da sie – vor allem in hohen Mengen – zu Vergiftungserscheinungen führen können.

Zubereitung von Gemüse und Obst

Rohes Gemüse oder Obst sollte zerkleinert, also geschreddert oder püriert werden, damit der Hund die Nährstoffe aufnehmen kann. So wird die Zellulose, die eine Gerüstsubstanz der pflanzlichen Zellwände darstellt, aufgeknackt. Je nachdem, wie grob oder fein das Gemüse zerkleinert wird, bleibt ein gewisser Anteil an Ballaststoffen übrig, die von den guten Darmbakterien als Nahrung genutzt werden können.

Soll das Gemüse oder Obst gekocht werden, kann eine schonende Erhitzung dafür sorgen, dass nicht so viele Nährstoffe zerstört werden. Gegartes Gemüse muss nicht mehr püriert werden, da es durch die Erhitzung schon „aufgeschlossen“ ist. Es reicht völlig aus, wenn man das gekochte Gemüse grob im Mixer zerkleinert oder mit der Gabel zerquetscht.

Gemüse und Obst sollten klein geschreddert werden.

Man muss sich natürlich nicht auf eine Variante versteifen, sondern kann ruhig mal abwechseln und das Gemüse mal roh und mal gekocht füttern. Der Hund erhält mit dem rohen Gemüse und Obst noch einige gute Nährstoffe wie sekundäre Pflanzenstoffe oder auch Enzyme, die bei einer Erhitzung zerstört werden können. Andererseits sind manche Nährstoffe besser verfügbar, wenn das Nahrungsmittel vorher erhitzt wurde. Man kann sagen, auch hier ist Abwechslung Trumpf.

Nüsse sollten im Mixer gemahlen werden, damit der Hund die Nährstoffe aufnehmen kann.

NÜSSE UND SAMEN

Nüsse und Samen enthalten viele gute Nährstoffe wie essentielle Fettsäuren, Vitamine und Mineralstoffe. Damit der Hund die Nährstoffe aufnehmen kann, sollten sie in einem Mixer zermahlen werden. Es eignen sich die bezüglich des hohen Gehalts an Selen schon erwähnten Paranüsse sowie Walnüsse, Haselnüsse, Mandeln, Sonnenblumenkerne, Kürbiskerne oder auch Leinsamen und Hanfsamen. Unter anderem enthalten Nüsse Magnesium, Kalium und Zink, was wichtig ist für eine gesunde Haut.
Sie können dem Hund jeden Tag oder auch nur hin und wieder je nach Größe des Hundes 1 TL–1EL frisch gemahlenen Nussmix zum Futter geben.

MACADAMIANÜSSE - VORSICHT, GIFTIG!

Macadamianüsse dürfen nicht gefüttert werden, sie sind für Hunde giftig. Das auslösende Gift ist unbekannt, die toxische Dosis-Spannbreite liegt zwischen 0,7 und 62 g pro kg/KG. Mandeln sind entgegen den Gerüchten nicht per se giftig. Dieses gilt nur für Bittermandeln! Rohe Bittermandeln enthalten Blausäure und sind in der Tat giftig. Blausäure verflüchtigt sich durch Erhitzung. Das gilt für Menschen und Hunde!

Tierische Nahrungsmittel

Wenn Sie Ihren Hund ovo-lakto-vegetarisch füttern wollen, können Sie zu den pflanzlichen Komponenten auch auf Milchprodukte und/oder Eier zurückgreifen. Falls Sie sogar Fisch mit einbeziehen wollen, erhalten Sie im Folgenden auch dazu ein paar hilfreiche Informationen.

Nicht alle Hunde können Milch gut verwerten, da die Laktaseaktivität nachlassen kann.

MILCHPRODUKTE

Milchprodukte liefern natürlich hochwertige Proteine, ähnlich wie Fleisch. In der vegetarischen Fütterung können sie zudem die Akzeptanz verbessern, da sie von vielen Hunden sehr gerne gefressen werden.
Milch war ursprünglich eigentlich nur den Tier- sowie auch Menschenkindern vorbehalten. Die Aktivität der Enzyme für die Aufspaltung der Laktose verschwand nach der Kindheit, was durchaus eine sinnvolle Entwicklung war und dem Körper half, Ener-

gie einzusparen. Heute ist das in vielen Teilen der Welt anders, dort nämlich wo sich die Milchviehwirtschaft im Laufe der Geschichte etablierte. Die Menschen und auch ihre Haustiere passten sich dieser Entwicklung an und es wurde in vielen Teilen der Welt normal, dass auch erwachsene Menschen und Tiere die Fähigkeit zur Aufspaltung der Laktose behielten. Genau genommen ist die heute vorkommende Laktoseintoleranz also keine Krankheit sondern der normale Zustand.

Auch bei manchen Hunden lässt die Aktivität der Laktase, dem entsprechenden Enzym, im Laufe der Jahre wieder nach. Milchprodukte wie Joghurt oder Kefir, die Milchsäurebakterien enthalten, werden meist jedoch trotzdem gut vertragen. Grund dafür ist, dass Milchsäurebakterien Laktose abbauen können. Buttermilch, Naturjoghurt, Quark, Kefir oder auch Hüttenkäse können daher auch dann meist gut vertragen werden, wenn der Hund schon älter ist und die Laktaseaktivität nachgelassen hat.

Käse ist fermentiert und daher meist besser verträglich

1

> **Wichtig!**
> Rohe Eier enthalten Avidin, das Biotin bindet und so unverfügbar macht.

EIER

Eier sind ebenfalls eine sehr gute Proteinquelle mit der höchsten biologischen Wertigkeit. Füttert man sie in großen Mengen, können sie jedoch bei manchen Hunden zu Blähungen führen. Eigelb ist reich an Biotin, einem B-Vitamin das sich u. a. sehr positiv auf die Gesundheit von Haut und Fell auswirken kann.

WICHTIG Allerdings enthält rohes Eiweiß Avidin, ein Glykoprotein das Biotin bindet. Avidin wird durch Erhitzung zerstört, daher sollte man Eier entweder gegart als gekochtes Ei oder Rührei füttern oder nur das Eigelb roh geben.
Die Eierschalen können Sie natürlich zur Versorgung mit Kalzium nutzen. Auch die von gekochten Eiern, da Mineralstoffe nicht empfindlich auf Hitze reagieren. Dabei sollten Sie berücksichtigen, dass Mineralstoffe in das Kochwasser übergehen. Hier würde sich das Dampfgaren empfehlen, wie es z. B. mit einem Eierkocher praktiziert wird.

FISCH

Auch wenn der Fisch nicht zur vegetarischen Fütterung zählt, wollen wir

2

3

ihn trotzdem kurz hier thematisieren. Fisch ist natürlich ein sehr guter Lieferant von Proteinen mit hoher biologischer Wertigkeit. Grundsätzlich eignet sich für den Hundenapf jeglicher Fisch, den auch Menschen verzehren. Einige Fische enthalten das Enzym Thiaminase, das Vitamin B1 zerstört. Da dieses Enzym hitzeempfindlich ist, sollte man beispielsweise Hering, Karpfen oder auch Sardellen nicht roh füttern. Barsch, Seelachs, Heilbutt, Scholle oder auch Makrele enthalten keine Thiaminase und können deshalb auch roh gefüttert werden. Ansonsten ist es der Vorliebe und Verträglichkeit des Hundes überlassen, ob der Hund den Fisch roh oder gekocht frisst. Falls Sie den Fisch für den Hund garen, sollten die Gräten vor der Fütterung entfernt werden. Fettreicher Meeresfisch liefert viele wertvolle Omega-3-Fettsäuren und darf daher gerne öfter auf dem Speiseplan stehen.

TIPP Wer auch beim Fisch gerne auf Nachhaltigkeit achten möchte, weil beispielsweise viele Fischarten heutzutage überfischt sind, kann sich bei der Verbraucherzentrale einen aktuellen Ratgeber dazu besorgen.

1. Die meisten Hunde fressen sehr gerne Fisch.

2. Hering, Karpfen oder auch Sardellen sollten besser nicht roh gefüttert werden.

3. Eierschalen sind eine kostengünstige Möglichkeit der Versorgung mit Calcium.

DIE PRAXIS DER VEGETARISCHEN FÜTTERUNG

DAS RICHTIGE MASS ENERGIE

Die wichtigste Größe bei der Rationsgestaltung ist neben der Proteinversorgung die Überwachung der Energiebilanz.

SCHLANK UND VITAL

Rationsgestaltung

Nicht nur WAS im Napf landet ist wichtig, sondern auch wie viel davon und in welcher Kombination. Die Rationsgestaltung, zu der wir nun kommen, macht den Napfinhalt erst „nährend" für den Hund.

FUTTERMENGEN BERECHNEN

Die Futtermenge ist ein wichtiger Indikator, um den Hund seinen Bedürfnissen entsprechend zu füttern. Ausschlaggebend dafür ist vor allem die Energieabdeckung, denn für seine Gesundheit ist es elementar, dass der Hund weder Über- noch Untergewicht hat. Übergewicht ist sogar einer der größten Risikofaktoren für eine ganze Reihe Erkrankungen.
Auf das Sättigungsgefühl des Hundes kann man sich bei der Bestimmung der Menge eher nicht verlassen, da Hunde dieses, wenn überhaupt, erst sehr spät haben. Hier geht es sicher wieder einmal um das Erbe des Wolfes, denn dieser muss in der Lage sein, in kurzer Zeit eine große Futtermenge aufzunehmen, da er keine regelmäßige Nahrungsquelle hat. Der Magen des Hundes ist aufgrund der Vergangenheit als Beutegreifer sehr dehnbar, denn der Beutegreifer muss auf Vorrat fressen.
Jeder Organismus ist aber natürlich individuell. Der Stoffwechsel hängt von verschiedenen körperlichen Faktoren, vom Grad der Aktivität, von der individuellen Verarbeitung der Nährstoffe, der Lebensweise und sogar von seinen Darmbakterien ab. Entsprechend individuell ist auch die benötigte Futtermenge. Allerdings sind Über- oder auch Untergewicht nicht nur ein Indikator für die falsche

Hunde haben kein Sättigungsgefühl und können daher leicht dick werden durch das Fressen unkontrollierter Mengen.

Futtermenge. Sie können auch ein Hinweis darauf sein, dass der Hund an einer Erkrankungen leidet. Bei Diabetes oder auch bei anderen Erkrankungen der Bauchspeicheldrüse kann es zu einer Gewichtszunahme oder -abnahme kommen. Bei bestehenden Krebs- oder auch Lebererkrankungen kann der Hund trotz richtig gewählter Futtermenge auf einmal an Gewicht verlieren. Um den Energiehaushalt des Hundes im Gleichgewicht zu halten, ist die Futtermenge also ein wichtiger Punkt. Ändern sich innere oder auch äußere Faktoren, kann das auch Einfluss auf die benötigte Futtermenge haben.

Ein Großteil der Energie wird zur Aufrechterhaltung der Körpertemperatur genutzt. Aus diesem Grund können die benötigten Mengen mit den Jahreszeiten bzw. den unterschiedlichen Temperaturen schwanken. Sie sollten in jedem Fall das Idealgewicht

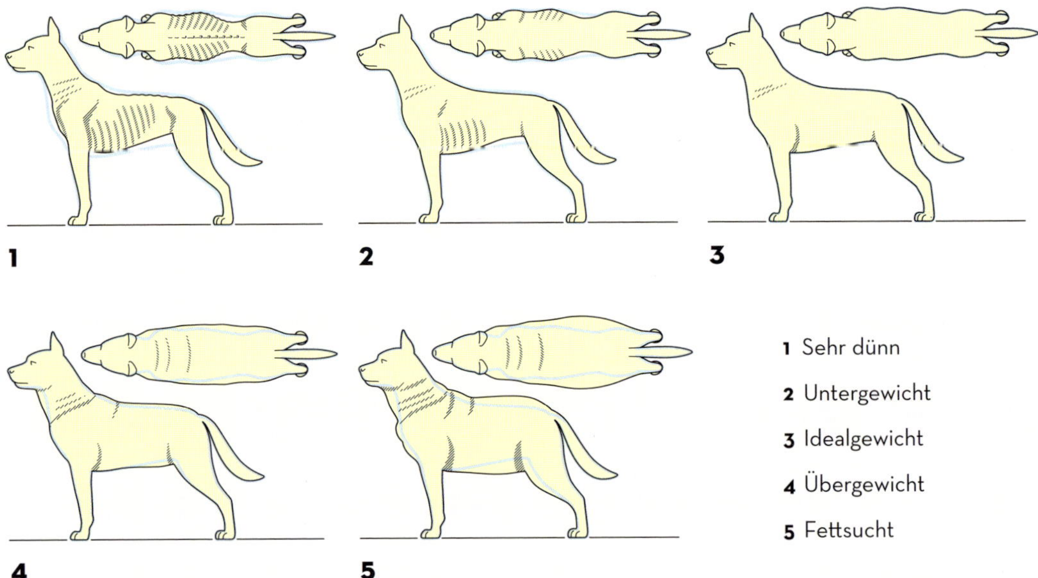

Beim Idealgewicht sollten die Taille sichtbar und die Rippen tastbar, jedoch nicht sichtbar sein.

Ihres Hundes kennen, bzw. auch die Optik Ihres Hundes einschätzen können. So sollten die Rippen tastbar und die Taille sichtbar sein (siehe links). Bei der Ermittlung der benötigten Futtermengen geht es also vorrangig nicht darum, die Nährstoffe in abgezählter Menge zur Verfügung zu stellen. Wie bei uns Menschen stellt sich die richtige Nährstoffversorgung auch beim Hund zumindest zu einem Großteil durch die Vielfalt der Nahrungsmittel ein. Die Futtermenge ist ein wichtiger Indikator, um zwischen benötigter und zur Verfügung gestellter Nahrungsmenge ein Gleichgewicht herzustellen.

Wie ermittelt man die benötigte Futtermenge?

Bei der Fütterung von Nassfutter legt man oft eine Futtermenge von 2–4 % des Körpergewichtes zugrunde. Diese Empfehlung bildet einen groben Anhaltspunkt, der allerdings nicht die individuellen Faktoren berücksichtigt. Damit die Futtermenge gezielter bestimmt werden kann, sollten auch Faktoren wie Aktivität oder auch Kastration berücksichtigt werden. Bitte beachten Sie, dass in der ersten Zeit nach einer Futterumstellung die Gewichtsentwicklung des Hundes beobachtet werden sollte, um nötige Anpassungen zeitnah vornehmen zu können, bevor der Hund zu viel zu- oder abnimmt.
Jeder Stoffwechsel ist individuell, die Energiedichte der Futtermenge kann je nach Zutaten und Wassergehalt variieren und es gibt keine Formel, die für jeden einzelnen, individuellen Hund das exakt passende Ergebnis liefern würde.

Vielleicht haben Sie schon einmal vom *Stoffwechselgewicht* gehört. Dieses Gewicht meint nicht alleine das Körpergewicht des Hundes, sondern bezieht auch einen individuellen Faktor mit ein. Je kleiner die Körpergröße, desto mehr Energie benötigt der Hund nämlich im Verhältnis gesehen. Die meiste Energie wird für die Aufrechterhaltung der Körpertemperatur über die Körperoberfläche benötigt und je kleiner der Hund, desto größer ist diese Körperoberfläche im Vergleich zur Körpermasse. Ein kleiner Hund benötigt im Verhältnis gesehen also eine größere Futtermenge. Wie man das Stoffwechselgewicht oder auch *metabolische Körpergewicht* des Hundes berechnet und wofür man dieses nutzen kann, werden wir später noch behandeln. Fürs erste begnügen wir uns mit den folgenden Formeln, die diesen Umstand der unterschiedlichen Energienutzung berücksichtigen.

Kleine Hunde benötigen im Verhältnis gesehen mehr Futter als große Hunde.

1. Faktor Rassegröße

– Kleine Rasse (1–15 kg) = Futtermenge ca. 4 % vom Körpergewicht
– Mittlere Rasse (16–30 kg) = Futtermenge ca. 3 % vom Körpergewicht
– Große Rasse (31–60 kg) = Futtermenge ca. 2 % vom Körpergewicht

Beim nächsten Faktor geht es um die Aktivität des Hundes. Je aktiver der Hund ist, desto mehr Energie verbraucht er natürlich. Die Futtermenge sollte daher auch dem Aktivitätslevel des Hundes entsprechen. Dieser Faktor ist natürlich schwer einschätzbar, da er sehr individuell ist. Die folgenden Berechnungen können daher nur als grobe Einschätzung dienen und müssen in der Praxis überprüft werden.

2. Faktor Aktivität

– Normal aktiver Hund (1–2 Std. tgl.) = ermittelte Futtermenge
– Mäßig aktiver Hund (2–3 Std. tgl.) = ermittelte Futtermenge × 1,25
– Sehr aktiver Hund (4–5 Std. tgl.) = ermittelte Futtermenge × 1,75
– Extrem aktiver Hund (5–6 Std. tgl.) = ermittelte Futtermenge × 2

Ein Hund, der kastriert ist, hat aufgrund der fehlenden Hormone einen verlangsamten Stoffwechsel. Er benötigt also weniger Energie als ein Hund, der intakt ist. Grob sagt man, der kastrierte Hund benötigt etwa 20 % weniger Energie. Damit er nicht zu dick wird, sollte der Gehalt an Energie entsprechend reduziert werden.

3. Faktor Kastration

Kastrierter Hund = ermittelte Futtermenge × 0,8
Beispielrechnung: Nehmen wir als Beispiel einen Hund, der 20 kg wiegt, mäßig aktiv und nicht kastriert ist:
20.000 g × 3 % (mittlere Rasse) = 600 g Futtermenge
Multiplikator mäßig aktiv = 600 g × 1,25 = 750 g

WICHTIG Wie schon erwähnt, handelt es sich hierbei um eine ungefähre Futtermenge, die jedoch in der Praxis überprüft werden muss und die natürlich auch von der Zusammenstellung der Rationen abhängig ist, auf die wir gleich noch kommen werden. Sie sollten also das Gewicht des Hundes eine Weile regelmäßig überprüfen, wenn Sie die Ernährung des Hundes umgestellt haben. Mit einem etwas geschulten Blick sieht man recht schnell, wenn der Hund zu- oder abnimmt. Bei Unsicherheit können Sie den Hund auch eine Weile regelmäßig auf die Waage stellen. Achten Sie dabei darauf, dass der Hund immer zur gleichen Zeit gewogen wird, also als Beispiel jeden Sonntag vor dem Frühstück.

Bei wenig Bewegung benötigt der Hund auch weniger Futter.

ZUSAMMENSETZUNG DER RATIONEN

Die Aufteilung der Ration muss natürlich so gestaltet werden, dass der Nährstoffbedarf des Hundes abgedeckt ist. An erster Stelle richtet man sich dabei wieder nach dem Energiebedarf und dem Proteinbedarf. Der Proteinbedarf ist i. d. R. gedeckt, wenn man 35–45 % der Ration aus Bestandteilen bestreitet, die sehr proteinreich sind. Das sind in der vegetarischen Fütterung Milchprodukte, Eier, Hülsenfrüchte, wie Linsen oder Kichererbsen, sowie Tofu, Tempeh oder auch Seitan. Damit die Zusammensetzung der Aminosäuren ausgewogen ist (also eine hohe biologische Wertigkeit vorliegt), sollten Sie darauf achten, dass Sie z. B. Milchprodukte mit Kartoffeln kombinieren oder auch Hülsenfrüchte mit Getreideprodukten (siehe auch Seite 31).

Natürlich gibt es keine Formel, die die Zusammensetzung vorgeben würde. Jeder Organismus ist individuell und auch jedes Nahrungsmittel ist in seiner Nährstoffzusammensetzung individuell. Daher kann es diese Formel nicht geben. Sie können sich aber in etwa an die folgende Zusammensetzung halten, um den Hund gut zu versorgen. Halten Sie dabei stets die Entwicklung Ihres Hundes im Auge. Wichtige Indikatoren sind die Gewichtsentwicklung oder der Kot. Auch der pH-Wert des Urins kann bei einer vegetarischen Fütterung Hinweise dazu liefern, ob alles rund läuft. Mehr dazu erfahren Sie im Kapitel zu den Erkrankungen (ab Seite 91).

Auch Hundefutter muss nicht mg-genau abgewogen werden.

Aufteilung vegetarischer Rationen

– 35–45 % eiweißreiche Futtermittel wie Hülsenfrüchte oder Milchprodukte, Eier
– 35–45 % Kohlenhydrate wie Getreide, Kartoffeln, Nudeln, etc.
– 10–20 % rohfaserreiche Ergänzung

wie z. B. Gemüse, Weizenkleie, Obst
– 5–10 % Pflanzenöl
– Nach Empfehlung: Mineralfutter oder verschiedene Ergänzungen

Denken Sie aber immer daran: der Organismus des Hundes ist keine Rechenmaschine. Zudem hat er die Fähigkeit (wie auch der menschliche Organismus), sich bis zu einem gewissen Grad an das Nährstoffangebot anzupassen. Das bedeutet, zu Problemen kann es vorrangig dann kommen, wenn bei einem Nährstoff ein eklatanter Mangel besteht. Bleiben Sie also auch bei der Fütterung Ihres Hundes entspannt!

PROTEINBEDARF UND ENERGIEBEDARF BERECHNEN

Im Kapitel zur Berechnung der Futtermenge wurde schon einmal das Stoffwechselgewicht (Seite 69) erwähnt. Im Folgenden erkläre ich Ihnen, wie man dieses spezielle Gewicht ermittelt und wozu es genutzt werden kann. Falls Ihnen die bereits vorgestellten Möglichkeiten der Rationsbeurteilung zu kurz greifen, werde ich Ihnen im Folgenden zeigen, wie Sie den individuellen Proteinbedarf und den individuellen Energiebedarf Ihres Hundes berechnen können. Damit lässt sich dann noch genauer überprüfen, ob die ermittelte Ration den individuellen Bedürfnissen Ihres Hundes gerecht wird.

1

2

1. Die Ration sollte ausgewogen gestaltet werden aus Protein- und Energielieferanten
2. Öle und weitere Ergänzungen machen die Ration komplett.

Auch die Größe der jeweiligen Rasse bestimmt die Futtermenge.

Proteinbedarf und Stoffwechselgewicht

Proteine (Eiweiße) haben viele Funktionen und sind ein sehr wichtiger Nährstoff für die Lieferung von Baustoffen. Baustoffe werden für Wachstum und Produktion gebraucht. Der Stoffwechsel ist ein Kennzeichen allen Lebens und es findet ein ständiger Aufbau, Abbau und Umbau statt. Dafür werden sowohl Baustoffe als auch Energie benötigt. Auch für das Immunsystem sind Proteine sehr wichtig, denn seine Komponenten bestehen hauptsächlich aus Eiweißen. Auch Hormone und Enzyme bestehen aus Eiweißen. Für die Energiegewinnung werden Proteine nur im Notfall genutzt.

Das Stoffwechselgewicht, auch metabolisches Körpergewicht genannt, ist nicht das „normale" Gewicht des Hundes. Es bezieht nämlich, wie bereits beschrieben, auch das Verhältnis von Körperoberfläche zum Körpergewicht mit ein. Der Grund für diese Vorgehensweise ist die bei Hunden so unterschiedliche Körpergröße, vom Chihuahua bis zur Dogge.

Ein Hund hat, wenn er ausgewachsen ist, einen Proteinbedarf von etwa 5,5 g pro kg Stoffwechselgewicht am Tag. Man berechnet das Stoffwechselgewicht, indem man das Körpergewicht mit 0,75 potenziert, also Gewicht^{0,75}. Mit dem Taschenrechner geht das ganz einfach, man drückt dafür z. B. die Taste Yx.

Mithilfe des metabolischen Körpergewichtes können Sie nun den Proteinbedarf Ihres Hundes berechnen.

Beispielrechnung für einen Hund mit 20 kg Körpergewicht:

Metabolisches Köpergewicht: 9,5

Proteinbedarf: 9,5 × 5,5 = 52,25 g täglicher Proteinbedarf

Energiebedarf

Auch die benötigte Energie des Hundes kann man natürlich rechnerisch ermitteln. Anhand dieser Zahl könnte man dann, vorausgesetzt man kennt die entsprechenden Nährwerte der Nahrungsmittel, die benötigten Mengen für Kohlenhydrate und auch Fett berechnen, um den Energiebedarf zu decken. Auch hier möchte ich Ihnen der Vollständigkeit halber kurz erläutern, wie das geht. Der Energiebedarf kann je nach Alter, Aktivität, Lebenssituation (z. B. Kastration oder auch Besonderheiten wie Trächtigkeit) schwanken. Das Stoffwechselgewicht bildet auch hier wieder die Basis. Der Energiebedarf wird in Kilokalorien, auch einfach Kalorien genannt, abgekürzt kcal, angegeben.

Pro kg metabolischem Körpergewicht haben Hunde einen täglichen Bedarf von:

- Hund, normal aktiv = 95 kcal
- Hund, besonders aktiv = 125 kcal (ca. 30 % mehr)
- Hund, alt oder besonders inaktiv = 65 kcal (ca. 30 % weniger)
- Hund, normal aktiv, kastriert = 76 kcal (ca. 20 % weniger)

Beispielrechnung für einen Hund mit 20 kg Körpergewicht, normal aktiv:

Metabolisches Köpergewicht: 9,4
Energiebedarf: 9,4 × 95 = 893 kcal

Sie wissen jetzt, wie Sie den Proteinbedarf und auch den Energiebedarf Ihres Hundes berechnen können. Mithilfe von Nährwerttabellen können Sie nun also berechnen, ob die Nahrungsmittel in der gefütterten Menge den Proteinbedarf oder auch den Energiebedarf Ihres Hundes abdecken. Falls Sie sich ausgiebiger damit beschäftigen möchten, kann ich Ihnen die Nährwerttabelle der DGE (Deutsche Gesellschaft für Ernährung) empfehlen, die Sie als Buch erwerben können.

Mit dem Stoffwechselgewicht wird berücksichtigt, dass die Dogge im Verhältnis weniger Energie verbraucht als der kleine Chihuahua.

1

2

1. Sie können ganz unkompliziert die ein oder andere normale Ration Ihres Hundes durch vegetarische Rationen ersetzen.

2. Mit vegetarischem Fertigfutter muss man sich um die Nährstoffversorgung i. d. R. keine Sorgen machen.

TEILWEISE VEGETARISCHE FÜTTERUNG

Natürlich ist es auch möglich, den Hund nur teilweise vegetarisch zu füttern. Das käme dem anfangs erwähnten Flexitarismus gleich. Diese Form der Fütterung ist relativ einfach umsetzbar. Im Prinzip können Sie die Futterkomponenten, die besonders eiweißhaltig sind (also Hülsenfrüchte, Milchprodukte, Eier, Tofu etc.) sporadisch durch andere tierische Komponenten wie Fleisch ersetzen. Alle anderen Komponenten müssen Sie dazu nicht verändern, auch nicht das Verhältnis der verschiedenen Komponenten. Sie können also jederzeit sehr einfach und unkompliziert von einer vegetarischen zu einer flexitarischen Fütterung und umgekehrt wechseln.

VEGETARISCHES FERTIGFUTTER

Nicht jeder traut sich zu, die Rationen für den Hund selber zu gestalten und manch einer möchte eventuell nur teilweise auf Fertigfutter verzichten. Diese Variante scheint einer Umfrage zufolge auch die am meisten verbreitete Praxis zu sein. Die meisten Hundehalter, die ihren Hund vegetarisch füttern, greifen also zumindest teilweise auf Fertigfutter zurück. Mittlerweile gibt es eine ganze Reihe an vegetarischen Alleinfuttermitteln auf dem Markt. Führend sind aktuell die beiden Marken Vegdog und Green Petfood von insgesamt rund 25 verschiedenen vegetarischen Alleinfuttermitteln auf dem Markt.
Der wichtigste Faktor ist natürlich immer, ob Ihr Hund das Futter mag

Egal wie gut das Futter ist, der Hund muss es auch mögen, sonst ist es für die Katz.

und verträgt. Das beste Futter nützt Ihnen nichts, wenn Ihr Hund es nicht frisst. Zudem können Sie das Fertigfutter auch jederzeit mit diversen frischen Komponenten wie einem Gemüsemix, einem Joghurt, ein paar Kartoffeln oder Nudeln etc. aufpeppen und so auch für den Hund schmackhafter gestalten. Es ist auch nicht nötig, stets ein und dasselbe Fertigfutter zu nutzen. Sie können verschiedene Sorten oder auch Marken füttern, immer vorausgesetzt, Ihr Hund verträgt solche Wechsel gut. Eine Abwechslung in den Sorten bringt zugleich auf etwas Abwechslung in die Nährstoffversorgung. Sollte ein Futter einen Mangel aufweisen, können Sie diesen so ausgleichen. Womit wir bei einem wichtigen Thema wären: der Nährstoffabdeckung der verschiedenen Sorten. Es ist für einen Laien nur sehr schwer bis praktisch unmöglich, den Nährstoffgehalt eines Fertigfutters zu überprüfen. Auch die häufig dafür herangezogenen Werte der sogenannten Weender Analyse können Ihnen da nicht wirklich weiterhelfen.

Der Wert für Rohprotein sagt Ihnen zwar, wie viel Protein im Futter prozentual enthalten ist, er sagt jedoch

1

1. An einer Krokette Trockenfutter kann man nicht erkennen, welche Komponenten für das Futter genutzt wurden.

2. Im Dosenfutter sieht man zwar mehr, der Schein kann aber auch trügen.

3. Deklarationen sind häufig so klein geschrieben, dass man eine Lupe benötigt.

nichts über die Proteinquellen und die biologische Wertigkeit der enthaltenen Proteine aus.

Deklaration

Futtermittelhersteller nutzen verschiedene Arten der Deklaration. Man unterscheidet die offene und die geschlossene Deklaration. Welche Variante gewählt wird, bleibt dem Hersteller überlassen. Er muss sich nur konsequent für eine Variante entscheiden. Bei der offenen Deklaration werden alle Einzelbestandteile genannt, bei der geschlossenen Deklaration nur die Gruppe der Nahrungsmittel. Beides hat Vor- und Nachteile. Für eine nachhaltige Fütterung wäre tatsächlich die geschlossene Deklaration sinnvoller, weil sie dem Hersteller einen gewissen Spielraum in der Zusammensetzung lässt. So könnte er Bestandteile wie Gemüse beispielsweise an das saisonale Angebot anpassen. Grundsätzlich ist es auch nicht zwingend nötig, jeden einzelnen Bestandteil in der Dose zu kennen, vorausgesetzt man hat keinen Allergiker.

Nährstoffabdeckung

Der wichtigste Faktor eines Alleinfuttermittels ist natürlich die Nährstoffabdeckung. Das bedeutet, jede einzelne Dose bzw. Ration muss den Nährstoffbedarf des Hundes abdecken. Tatsächlich ist es aber so, dass einige Futtermittelhersteller sich nicht an diese Vorgabe halten. Man argumentiert damit, dass es ja eine gewisse Abwechslung brauchen würde, damit der Hund gut versorgt ist. Da der Hersteller aber nicht weiß, wie der

2

3

einzelne Hundehalter diese „Abwechslung“ umsetzt, kann er sich nicht darauf berufen, dass der Hundehalter das schon so machen wird, wie er sich das gedacht hat. Als Hundehalter kann man nur schwer hinter die Kulisse schauen, denn längst nicht alles an Nährstoffen, was im Futterbrocken enthalten ist, muss auf der Verpackung stehen.

Ein wichtiger Faktor bei der Auswahl des richtigen vegetarischen Fertigfutters sollte daher sein, wie professionell der Hersteller auftritt. Hat er entsprechende Fachkräfte in seinem Team, wie z. B. Tierärzte, die sich mit der bedarfsgerechten Fütterung von Hunden auskennen? Das sollte ein wichtiges Kriterium sein, denn Sie können eher nicht beurteilen, ob das Futter wirklich den Nährstoffbedarf Ihres Hundes abdeckt. Grundsätzlich – aber ganz besonders bei einem vegetarischen oder sogar veganen Futter – ist es zwingend nötig, dass ein Fertigfutter mit synthetischen Nährstoffen angereichert wurde. Oder es ist ein Futter, das als Ergänzungsfuttermittel deklariert ist und ausdrückliche Hinweise trägt, ob und was zum Futter ergänzt werden muss. Natürlich können Sie auch versuchen, den Nährstoffgehalt anhand der in der Deklaration enthaltenen Informationen nachzurechnen. Bei fehlenden Nährstoffen oder Unsicherheiten sollten Sie aber immer beim Hersteller nachfragen. Ein Hersteller, der nicht umfänglich auf solche Nachfragen antwortet, ist dann natürlich als nicht seriös einzustufen. Denn man fragt sich, was er zu verbergen hat.

Umstellung auf vegetarische Hundeernährung

Bettina mit Mocca

Wir sind eine bunte Familie aus zwei Zwei- und vielen Vierbeinern und leben mit unserer Hunde-WG im schönen Nordschwarzwald. Seit bald 20 Jahren engagiere ich mich im Tierschutz, u. a. auch als Pflegestelle mit Windhund-Schwerpunkt. Vor bald 6 Jahren bekamen wir eine ältere Galga in Pflege, die einige körperliche Baustellen mitbrachte und schlussendlich eine atopische Dermatitis mit Superinfektion entwickelte. Nach diversen Tierarztbesuchen (auch bei Fachärzten), der Konsultation von Tierheilpraktikern und sogar einer Schamanin gab es immer noch keine Verbesserung. Von meiner Haustierärztin gab es schon relativ früh die Empfehlung, es mit einer Ausschlussdiät zu versuchen: Pferd und Kartoffel, gekocht. Leider führte auch das nicht zum gewünschten Erfolg, im Gegenteil – es kam nun noch Durchfall dazu. Ein paar Wochen später stolperte ich über eine Studie, die sich mit der Nahrungszusammensetzung von ursprünglich lebenden und Paria-Hunden beschäftigte. Daraus folgend, kam mir der Gedanke, es doch mal mit vegetarischer bzw. veganer Ernährung zu versuchen. Da ich seit Jahren selber vegan lebe, war es für mich nicht das Thema, ob man ausgewogen

Bettina mit ihren Hunden Siri, Mocca und Wilma

und gesund leben kann, sondern nur wie. Inzwischen gab es eine große Auswahl an bedarfsdeckenden veganen oder vegetarischen Vollfuttersorten (Nass- oder Trockenfutter, Leckerlis, Knabberzeug und Zusätze). Selber zu kochen hab ich mir nicht zugetraut – umso dankbarer war ich natürlich für das reichliche Angebot, das im Internet (leider noch nicht im Fachhandel) zu finden war. Wichtig war mir noch der Verzicht auf Soja, Getreide und Mais.

In der Kombination vegetarische Ernährung (veganes, bedarfsdeckendes Trockenfutter plus z. B. gekochtes Gemüse, Bio-Ziegenjoghurt, Eiern der eigenen Hühner) und dem Spritzen eines Antikörpers vom Tierarzt ist Mocca nun schon mehrere Jahre symptomfrei. Sie wird nächstes Jahr geschätzte 16 Jahre (davon 6 Jahre bei uns), rennt immer noch wie ein D-Zug über die Wiesen und ihr Blutbild gibt keinerlei Anlass zur Sorge. Auch die anderen Hunde bekommen immer mal einen Sack veganes Trockenfutter zur Abwechslung, so konnte ich mich schon durch einige Sorten durchprobieren. Auch die Kausachen und Leckerlis werden sehr gerne genommen. Für uns funktioniert die vegan/vegetarische Ernährung hervorragend und daher freuen wir uns, dass diesem Thema nun auch ein Buch gewidmet wird.

Praktische Tipps und Tricks zur Fütterung

Aus den vorherigen Kapiteln wissen Sie nun, wie man die vegetarischen Rationen gestalten kann und Futtermengen berechnet. Damit das in der Praxis gut umgesetzt werden kann, bekommen Sie im Folgenden noch ein paar Tipps, die die Fütterung Ihres Hundes ebenfalls erleichtern können.

1

FÜTTERUNGSZEITEN

Eine Fütterung zu relativ festen Zeitpunkten erleichtert vor allem die praktikable Umsetzung, da eine gewisse Routine entsteht. Zudem hat auch der Hundehalter in der Regel einen gewissen Tagesrythmus, in den die Fütterung so viel einfacher integriert werden kann. Auch der Organismus des Hundes stellt sich mit der Zeit darauf ein, was dazu führt, dass die Verdauung bzw. die Produktion der Verdauungssekrete quasi automatisch startet. Das kann beispielsweise hilfreich sein, wenn der Hund ein schlechter Fresser ist oder auch wenn der Hund an einer Erkrankung leidet.

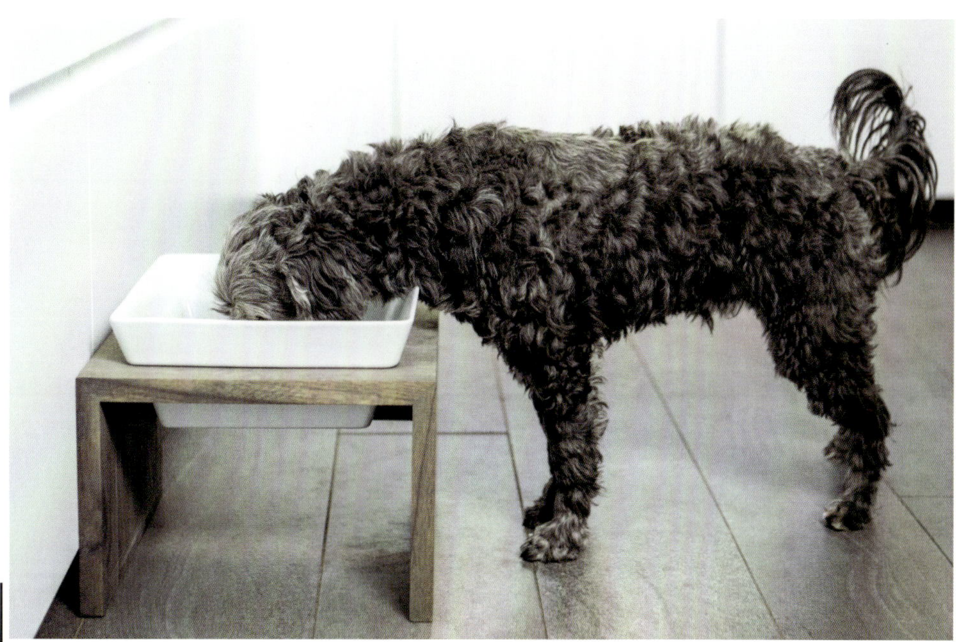

2

1. Erst die Arbeit (Bewegung), dann das Vergnügen (Fressen).

2. Die Fütterung von großen Rationen einmal täglich erhöht bei großen Rassen das Risiko einer Magendrehung.

Auch ältere Hunde, bei denen häufig die Sinnesorgane nachlassen, was zu vermindertem Appetit führen kann, profitieren von solchen festen Abläufen. Für die Verdauungstätigkeiten ist es zudem wichtig, bei der Wahl des Fütterungszeitpunktes darauf zu achten, dass bis zu ca. 3 Stunden nach der Fütterung keine körperliche Belastung oder Stress anfallen, weil diese so gestört werden können. Wenn der Körper bei erhöhten Anforderungen mit deren Bewältigung beschäftigt ist, werden Verdauungsvorgänge eingestellt.

ANZAHL DER RATIONEN

Der Magen des Hundes ist sehr dehnbar und die Aufnahme von großen Futtermengen ist grundsätzlich kein Problem. Das verdankt er vor allem seinem Vorfahren dem Wolf, der dann fressen musste, wenn etwas zur Verfügung stand. Das Reh kommt ja nicht pünktlich zur anstehenden Mahlzeit des Weges. Der Magen stellt dabei auch eine Art Nahrungsspeicher dar, da die Nahrung schrittweise in den Dünndarm weitergeleitet wird. Theoretisch reicht es daher aus, den Hund nur einmal täglich zu füttern.

Nun ist der Hund aber kein Wolf mehr und seine anatomischen Voraussetzungen haben sich teilweise, je nach Rasse, stark verändert. Vor allem bei großwüchsigen Rassen mit einer ungünstigen Anatomie sollen große Futtermengen im Hinblick auf die Magendrehung eine nicht unwichtige Rolle spielen. Für diese Hunde ist eine einmal tägliche Fütterung daher eher nicht zu empfehlen. Viele Hunde kommen sehr gut damit zurecht, zweimal täglich gefüttert zu werden. Meist ist diese Fütterungspraxis auch gut in den Tagesablauf des Hundehalters integrierbar. Bei empfindlichen Hunden oder auch bei Erkrankungen kann eine häufigere Fütterung hilfreich sein, da sie den Verdauungstrakt entlastet.

FASTENTAGE

Einer Theorie zufolge sollen Fastentage den Verdauungstrakt entlasten und säubern. Die Beweise stehen jedoch aus und es gibt keine ernährungsphysiologisch relevanten Gründe dafür. Auch hier wird oft mit dem Wolf argumentiert, der ja nicht die Möglichkeit hat, sein Futter in geregelten Mahlzeiten zu sich zu nehmen. Der Wolf führt aber auch nicht das geregelte Leben eines Haushundes, ist Wind und Wetter ausgesetzt und hungert nicht freiwillig sondern gezwungenermaßen. Es kann beim Hund, der einen geregelten Tagesablauf hat, durchaus auch zu Problemen kommen, wenn die Produktion der Magensäure in Erwartung der Fütterung angeregt wird, da die Magen-

1. Fasten in einer Hundegruppe kann zu Unruhe und Streitereien führen

2. Eine Futterumstellung sollte zum individuellen Hund passen.

säure im leeren Magen unverdünnt auf die Magenschleimhaut trifft. Bei Mehrhundehaltung kann eine solche Nahrungskarenz sogar zu verstärktem Aggressionsverhalten und Futterneid in der Hundegruppe führen. Allenfalls im Krankheitsfall kann eine Nahrungskarenz mitunter sinnvoll sein, ansonsten ist vom wöchentlichen Fastentag kein prägnanter gesundheitlicher Vorteil zu erwarten.

FUTTERUMSTELLUNG

Wie eine Futterumstellung gestaltet werden sollte, ist von verschiedenen Faktoren abhängig. Vor allem ist es von den Gegebenheiten des individuellen Hundes abhängig, wie der Futterwechsel gestaltet werden sollte und wie dieser toleriert wird. Ein Hund, der bisher abwechslungsreich gefüttert wurde, dürfte in den meisten Fällen keine Probleme mit einem Futterwechsel haben. Wenn ein Hund jedoch sehr einseitig gefüttert wurde und vielleicht sogar jahrelang immer dasselbe Trockenfutter bekommen hat, muss eine Umstellung langsam erfolgen, das betrifft natürlich auch eine Umstellung auf vegetarische Fütterung. Bei der vegetarischen Fütterung können durchaus ungewohnte Komponenten auf den Speiseplan des Hundes kommen, daher sollte man hier langsam vorgehen. Zudem sollte man wie vorher schon geschrieben bei neuen Komponenten wie Hülsenfrüchten darauf achten, dass diese möglichst weich gekocht sind und zusätzlich püriert werden.

Zur schonenden Umstellung schrittweise altes gegen neues Futter austauschen.

WICHTIG Fangen Sie hier unbedingt mit kleinen Mengen an und beobachten Sie, wie der Hund reagiert. Für eine schonende Umstellung tauscht man das alte Futter in angepassten Schritten durch das neue Futter aus. Man verändert also schrittweise das Verhältnis von neuem zu altem Futter, bis das alte ausgeschlichen wurde.

Falls Sie bei Ihrem Hund Probleme mit der Akzeptanz der neuen Fütterung haben, können Sie auch eine noch langsamere Umstellung vornehmen. Hier kann es hilfreich sein, die Ernährung in noch kleineren Schritten umzustellen, indem Sie einige Tage lang 90 % der alten und 10 % der neuen Fütterung verwenden, dann für einige Tage auf 80 % und 20 % umstellen und so über mehrere Wochen auf die neue vegetarische Ernährung umstellen.
Mischen Sie das alte und das neue Futter am besten gründlich durch, damit der Hund nicht aussortieren kann und fügen Sie Komponenten hinzu, die die Akzeptanz erhöhen wie beispielsweise Hefeflocken. Je nachdem, wie der Hund vorher gefüttert wurde, kann sich mit dem neuen Futter auch der „Output" verändern und die Umstellung auf eine pflanzenbasierte Ernährung kann mit einer Vergrößerung der Kotmenge einhergehen. Das ist aufgrund eines höheren Anteils an Ballaststoffen jedoch durchaus zu erwarten.

Auch das Häufchen kann Aufschluss darüber geben, wie das neue Veggie-Futter vertragen wird.

Warum saisonal füttern?

Eine saisonale Fütterung bezieht sich auf die pflanzlichen Komponenten Gemüse und Obst, die der Hund bekommt. Die Nutzung von saisonalen und somit auch regionalen Nahrungsmitteln kann sich in vielerlei Hinsicht positiv auswirken. Wer sich saisonal orientiert, bringt zunächst einmal eine abwechslungsreiche, bunte Vielfalt in den Futternapf. Da diese pflanzlichen Nahrungsmittel meist keinen langen Transport hinter sich bringen müssen, ist der Verlust der Nährstoffe möglicherweise geringer. Zudem werden die Nahrungsmittel reif geerntet (im Gegensatz zu solchen, die man auf den langen Transportwegen nachreifen lässt) und die Nährstoffe konnten „ausreifen".

Je nachdem, woher die pflanzlichen Nahrungsmittel kommen, können sie stärker durch Pestizide belastet sein, da in anderen Ländern andere Standards gelten. Auch der Umweltaspekt ist bei langen Transporten nicht zu vernachlässigen. Besonders Gemüse und Obst, das mit dem Flugzeug transportiert wurde, gilt als Umweltbelastung.

Oft wird Gemüse und Obst auch günstiger, wenn es Saison hat, da für einen kurzen Zeitraum eine große Menge zur Verfügung steht. Eine saisonale Fütterung kann sich also positiv auf die Gesundheit, die Umwelt und sogar das Portemonnaie auswirken.

Saisonale Fütterung schont Umwelt und Geldbeutel und kann sogar gesünder für Ihren Hund sein.

Rezepte

Die folgenden Rationsvorschläge eignen sich, um den erwachsenen, gesunden Hund auch bei einer vegetarischen Fütterung bedarfsgerecht zu versorgen.

Achten Sie immer darauf, dass die pflanzlichen Komponenten sachgerecht zubereitet sind, wie in den vorherigen Kapiteln erläutert. Kartoffeln, Nudeln und Co sollten immer weich durchgegart sein. Hülsenfrüchte müssen vorher über Nacht eingeweicht und dann weichgekocht werden. Je nach individuellem Hund können sie zusätzlich püriert werden, um die Aufnahme zu erleichtern. Gemüse sollte entweder gekocht und kleingematscht oder im Mixer geschreddert/püriert werden. Wie die Komponenten im Einzelnen zubereitet werden sollten, haben Sie schon im Kapitel zu den Nahrungsmitteln erfahren. Welche Ergänzungen Sie zu den Rezepten geben sollten, können Sie im Kapitel zur Nährstoffversorgung bei der vegetarischen Fütterung nachlesen.

REZEPT 1:
VEGETARISCH MIT FRÜHLINGSGEMÜSE

- 20 % Seitan
- 15 % Rührei
- 45 % Reis
- 15 % Gemüsemix aus Brokkoli und Pastinaken
- 5 % Beeren
- 1 TL – 1 EL Hefeflocken (liefern viele B-Vitamine und regen den Appetit an)

REZEPT 2:
SOMMERLICHE BUDDHA-BOWL

Das besonders an diesem Rezept ist, dass Sie es sowohl für Ihren Hund als auch sich selber nutzen können. Die Buddha-Bowl ist eine beliebte und leckere Variante, um eine Mahlzeit oder auch Ration für den Hund besonders nahrhaft und ausgewogen zu gestalten.

- 20 % Tofu
- 15 % Hüttenkäse
- 35 % Vollwertreis
- 15 % Kichererbsen
- 5 % Möhren
- 5 % Brokkoli
- 5 % Zucchini
- 1 TL – 1 EL Hanfsamen

REZEPT 3:
HERBSTLICHES LINSENGEMÜSE

- 25 % Rührei
- 15 % Linsen
- 40 % Kartoffeln
- 15 % Kürbis
- 5 % Apfel

REZEPT 4: VEGANES WINTERMENÜ

- 40 % Tofu
- 35 % Haferbrei
- 20 % Gemüsemix aus Pastinake und Feldsalat
- 5 % Beeren
- 1 TL – 1 EL Nussmix

REZEPT 5: VEGETARISCH TRIFFT FISCH

- 50 % Seelachs
- 30 % Haferflocken
- 20 % Gemüsemix aus Kürbis, Brokkoli, Pastinake

REZEPT 6: POLENTA-MENÜ FÜR DEN HUND

- 40 % Polenta-Würfel
- 40 % Kichererbsenmus
- 20 % Gemüsemix aus Feldsalat und Möhren
- 1 TL – 1 EL Hefeflocken

Vegetarische Fütterung und Erkrankungen

Ernährung kann im Hinblick auf Erkrankungen sowohl bei deren Entstehung eine Rolle spielen als auch bei der Therapie sowie der Vorbeugung von wiederkehrenden Erkrankungen.

KANN VEGETARISCHE FÜTTERUNG ZU ERKRANKUNGEN FÜHREN?

Vegetarische Fütterung kann wie jede Fütterungsform sowohl bei der Entstehung als auch bei der Therapie von Erkrankungen eine Rolle spielen. Im Bezug auf die Möglichkeit der Entstehung von Erkrankungen ist zunächst natürlich wichtig, den Hund seinem Bedarf entsprechend mit allen Nährstoffen zu versorgen. Wie das funktionieren kann, haben wir in den vorherigen Kapiteln schon besprochen. Ein weiteres Risiko stellt der pH-Wert des Urins dar, der sich negativ auswirken kann, wenn er zu hoch oder zu niedrig ist. Fleisch wirkt im Allgemeinen säuernd, das heißt, der pH-Wert wird durch Fleisch eher gesenkt. Bei einer überwiegend pflanzlichen Fütterung kann er sich theoretisch entsprechend erhöhen.

Ein gesunder pH-Wert liegt bei 5–7, ein dauerhaft erhöhter pH-Wert kann dazu führen, dass Keime in den Urinaltrakt eindringen und z. B. Blasenentzündungen begünstigen oder auch Harnsteine. Zwar zeigte sich in Studien, dass vegetarisch ernährte Hunde keine höhere Prävalenz für einen erhöhten pH-Wert des Urins hatten, trotzdem empfiehlt es sich, den pH-Wert hin und wieder zu überprüfen. Das kann man leicht mit Teststreifen, die es in jeder Apotheke zu kaufen gibt. Erhöht sich der pH-Wert dauerhaft in einen ungünstigen Bereich, kann man mit natürlichen Säuerungsmitteln wie Vitamin C (Hagebuttenpulver), Hafer, Linsen, Spargel, Erbsen oder Hefe entgegenwirken.

Wichtig in der vegetarischen Ration ist vor allem die Abdeckung des Nährstoffbedarfs.

VEGETARISCHE FÜTTERUNG ZUR THERAPIE VON ERKRANKUNGEN

Eine vegetarische Fütterung aufgrund von gesundheitlichen Problemen kommt bisher nur selten vor. In einer Umfrage unter Teilnehmern einer Studie zur vegetarischen Hundeernährung gaben 16,4 % der Befragten an, dass sie die Allergie ihres Hundes mit einer veganen Ernährung in den Griff bekommen hätten, 2,8 % hätten aufgrund gesundheitlicher Probleme eine Empfehlung für eine vegane Fütterung bekommen und weitere 2,8 % hätten von ihrem Tierarzt eine Empfehlung zu einer veganen Fütterung bekommen. Die Studienlage zur vegetarischen Ernährung als Therapie ist bisher auch noch recht dünn.

Wie schon erwähnt, kann ein zu hoher pH-Wert des Urins zu Problemen wie Harnsteinen führen. Es gibt allerdings verschiedene Harnsteine, die auf sehr unterschiedliche Weise entstehen und auch über die Fütterung therapiert werden sollten. Eine vegetarische Fütterung kann bei Steinen sinnvoll sein, bei denen der pH-Wert erhöht werden sollte und/oder z. B. auch der Puringehalt (Purine finden sich vor allem in tierischen Nahrungsmitteln) oder der Proteingehalt reduziert werden sollte. Es kann daher hilfreich sein, den Hund bei Harnsteinen wie z. B. Uratsteinen oder Cystinsteinen vegetarisch zu füttern. Man muss aber auch auf weitere Faktoren achten und sollte sich deshalb unbedingt fachlichen Rat holen.

Ballaststoffe, wie sie in Getreide enthalten sind, gelten in der menschlichen Ernährung als antikanzerogen.

Aus der Praxis

Tierarzt Dr. med. vet. Uwe Romberger und Christine Burggraf (Fachberaterin für Tiergesundheit und Tierphysiotherapeutin) sind Experten der veganen Hundeernährung und wenden diese in ihrer Praxis auch erfolgreich bei der unterstützenden Therapie verschiedener Erkrankungen an. Der hohe Fleischgehalt in der Ernährung von Hunden in der modernen Neuzeit verursacht ihrer Meinung nach erst die hohen Erkrankungszahlen bei beispielsweise Krebs, Nierenerkrankungen, Erkrankungen der Bauchspeicheldrüse, Fettsucht oder auch Demenz ebenso wie bei Menschen. Eiweiß- und fettarme vegane Rationen mit einem ausgewogenen Kohlenhydratanteil können demnach gut geeignet sein für nierenkranke, leberkranke und bauchspeicheldrüsenkranke Hunde.

Gute Erfahrungen gibt es in der Praxis z. B. mit einer veganen Hundeernährung von älteren und nierenkranken Hunden. Hierbei wird pflanzliches Eiweiß als deutlich gesünder für ältere Hunde und solche mit Nierenproblemen eingestuft, als tierisches. Fleisch ist zudem sehr phosphorreich und Phosphor sorgt für das Fortschreiten von Nierenproblemen. Deshalb können ausgewählte Pflanzenproteine und phosphorarme pflanzliche Futterkomponenten für alte und nierenbelastete Hunde deutlich besser geeignet sein, als die bisher üblichen Vorgehensweisen in der Therapie über die Ernährung.

Bei einer Bauchspeicheldrüsenentzündung sind tierisches Eiweiß und vor allem Fett oft die Auslöser. Moderate Gehalte an pflanzlichem Eiweiß sowie auch pflanzlichem Fett sind daher sehr gut geeignet, einer Pankreatitis vorzubeugen oder sogar diese zu behandeln. Auch bei einer Leberüberlastung oder -entzündung können sich vegetarische Rationen sehr günstig auswirken, da die Proteine im Darm, die für die Bildung von Toxinen verantwortlich sind, reduziert werden. Nicht umsonst reduziert man bei einer Leberdiät die tierischen und im Besonderen die schwer verdaulichen Proteine. Auch beim kongenitalen portosystemischen Shunt kann eine vegetarische Fütterung sinnvoll sein, wenn sich die Hundehalter gegen einen chirurgischen Eingriff entscheiden.

Auch Allergien sind ein Bereich, in dem vegetarische oder vegane Ernährung zum Einsatz kommen kann. Allergien auf Nahrungsmittel werden meist von den im Futter enthaltenen Proteinen ausgelöst. Pflanzliche Eiweiße können dafür jedoch ebenso wie tierische Eiweiße verantwortlich sein und so Allergien und Unverträglichkeiten hervorrufen. Eine vegane Fütterung beugt dementsprechend nicht per se einer Allergie oder Futterunverträglichkeit vor. Liegt aber eine Allergie gegen bestimmte tierische Proteine vor, kann die Umstellung auf eine vegetarische oder vegane Fütterung eine gute Alternative sein. Auch bei Harnblasenentzündungen aufgrund von Kristall- und Steinbildung kann eine vegetarische oder vegane Fütterung sinnvoll sein. Über eine pflanzenbasierte Ernährung lässt sich der pH-Wert des Urins bei einer Harnsteindiät sowohl in den leicht basischen als auch den leicht sauren Bereich steuern. Hierbei ist eine engmaschige Kontrolle des Urins und entsprechende Anpassung der Futterration sehr wichtig. Grundsätzlich erhöht eine pflanzliche Ernährung den pH-Wert eher, man kann jedoch durch die Wahl bestimmter Futterkomponenten den pH-Wert auch in den sauren Bereich absenken.

Gegen Krankheit füttern

1

Alles in allem kann eine vegane oder auch vegetarische Fütterung bei Erkrankungen durchaus sinnvoll sein. Natürlich ist es wichtig, immer die besonderen, individuellen Parameter zu berücksichtigen. Dazu gehören, welche Erkrankungen vorliegen, was der Hund an Nahrungsmitteln gut verträgt und was der Hundehalter leisten kann. Bei einer vorliegenden Erkrankung ist es daher sinnvoll, auch für eine vegetarische Rationsgestaltung eine professionelle Ernährungsberatung in Anspruch zu nehmen. Eine Empfehlung dazu finden Sie im Anhang.

2

1. Bei einigen Erkrankungen kann eine vegetarische Fütterung durchaus therapeutisch wirken

2. Vegetarische Rationen können auch den pH-Wert des Urins verändern und so bei einigen Krankheiten hilfreich sein.

Zum Schluss

Aktuell ist die vegetarische oder gar vegane Fütterung von Hunden noch sehr umstritten. Dies könnte sich jedoch in naher Zukunft, einerseits aufgrund der zunehmend zur Verfügung stehenden wissenschaftlichen Daten, andererseits aufgrund der anstehenden Veränderungen in der Nahrungsmittelproduktion allgemein im Hinblick auf den Klimaschutz ändern. Richard David Precht sagte im März 2017 bei einem Auftritt im Rahmen der lit.Cologne (internationales Literaturfestival in Köln): „In 20 Jahren werden Schlachthöfe hoffentlich Gedenkstätten sein und wir werden unseren Enkeln erklären müssen, warum wir das zuließen". Ob er damit Recht behält, werden wir erst in 20 Jahren wissen. Ich bin mir aber sicher, dass wir mit zunehmender Akzeptanz einer pflanzenbasierten Hundeernährung rechnen dürfen, denn der Fleischkonsum allgemein wird auf jeden Fall stark zurückgehen. Und spätestens, wenn Hunde aufgrund eines Rückgangs der Ressource Fleisch Nahrungskonkurrenten des Menschen werden, dürfte die Akzeptanz schlagartig zunehmen. Denn sicher möchten sich nicht allzu viele Hundehalter mit der Alternative anfreunden, die Hundehaltung stark einzuschränken.

WIR MÜSSEN NICHT EIN EXTREM DURCH EIN ANDERES AUSTAUSCHEN

Nichtsdestotrotz ist auch die vegetarische Hundeernährung nicht der „heilige Gral"! Man muss nicht von einem Extrem in das nächste kippen, sondern darf bzw. sollte die Hundeernährung auch daran ausrichten, was für den individuellen Hund am besten passt. Natürlich ist nicht jeder Hund für die vegetarische Fütterung „geschaffen". Halten Sie daher Ihren individuellen Hund immer im Blick. Vielleicht ist das beste Modell für Sie und Ihren Hund auch eine Fütterung mit einem gemäßigten Fleischgehalt, wie ich sie in meinem Buch „Clean Feeding" beschrieben habe.

ACHTEN SIE AUF DIE NÄHRSTOFF-VERSORGUNG

Der Zweck der Nahrung liegt an erster Stelle darin, den Organismus mit den Nährstoffen zu versorgen, die er benötigt, um seinen Funktionen adäquat nachkommen zu können. Dabei spielen aber abseits von Nährstofftabellen der individuelle Organismus und der Lebensraum ebenfalls eine wichtige Rolle. Ein Hirtenhund in der Türkei bekommt keine Nahrungsergänzungen, damit alle

Bleiben Sie entspannt und lassen Sie Ihren Hund mit Freude fressen!

ermittelten Bedarfswerte abgedeckt werden. Sein Organismus ist sehr genügsam und hat noch nie von den Bedarfstabellen für Nährstoffe gehört. Solche Hunde sind bekannt dafür, dass sie robust in der Gesundheit und zäh sind, obwohl ihnen nach offizieller Definition garantiert Nährstoffe fehlen. Unsere „verwöhnten Couchpotatos" lassen sich damit natürlich nicht unbedingt vergleichen. Zudem sehen wir hier in unseren Hunden in den meisten Fällen kein Nutztier, sondern ein Familienmitglied und wollen nur das Beste für unsere Fellnasen. Es ist daher sicherlich empfehlenswert, darauf zu achten, dass der Nährstoffbedarf zumindest grob abgedeckt wird. Ein eklatanter Mangel kann sich ansonsten auf verschiedenste Arten zeigen.

Ich wünsche Ihnen viel Freude und Erfolg dabei, die vegetarische Fütterung ihres Hundes mithilfe dieses Buches auszuprobieren.

»In 20 Jahren
werden Schlachthöfe
hoffentlich
Gedenkstätten sein
und wir werden
unseren Enkeln
erklären müssen,
warum wir
das zuließen.«

Richard David Precht

Service

QUELLEN UND ZUM WEITERLESEN

Meyer, H.; Zentek, J.: **Ernährung des Hundes.** Grundlagen, Fütterung, Diätik 2016

Dillitzer, N.; Bolbecher, G.: **Ganzheitliche Ernährung für Hund und Katze**, Thieme 2020

Keller, M., Leitzmann, C.: **Vegetarische und vegane Ernährung.** Utb. 2020

Deutsche Gesellschaft für Ernährung www.dge.de

Vegan nutrition of dogs and cats. Diplomarbeit an der Vet.med. Universität Wien. Studie von Pia-Gloria Semp (2015) https:// vetme-duni.ac.at/hochschulschriften/diplomarbeiten/AC12256171.pdf

Kiemer, L. A.: **Vegan diet and its effects on the dog's health,** Master's Thesis of Integrated Studies of Veterinary Medicine 2019 https://vegan-dogfood.co.uk/wp-content/uploads/2020/10/MastersThesis-EffectsVeganDiet.pdf

Hoefs, N.; Führmann, P.: **Auf Hundepfoten durch die Jahrhunderte**, Kosmos 2009

Bloch, G.: **Die Pizza-Hunde**, Kosmos 2007

Landwirtschaft auf dem Weg zum Klimaziel, Maßnahmen für Klimaneutralität bis 2045, Eine Studie des Öko-Instituts im Auftrag von Greenpeace, Veröffentlichung: Oktober 2021 https://greenwire.greenpeace.de/system/files/2021-10/studie_klimaneutralitaet_2045_landwirtschaft_30_10_2021.pdf

NÜTZLICHE EMPFEHLUNGEN UND ADRESSEN

Dog Feeding

Anke Jobi
Repser Gasse 25
51674 Wiehl
Telefon: +49(0)2262/7074358
E-Mail: kontakt@dog-feeding.de
Blog: www.dog-feeding.de
Weiterbildung: www.dog-feeding-akademie.de

Empfehlenswerte Komplettergänzungen:

Futtermedicus: Vitamin Optimix Veggie

Vegdog: All-In Veluxe

Napfcheck: Novomineral Veggie

Ernährungsberatung für vegane oder vegetarische Fütterung:

Tierärztliche Ernährungsberatung
und Futterrationsberechnung
Benedik-Hopp-Straße 12
93161 Sinzing
Kontakt: kontakt@veganvet.info
Webseite: www.veganvet.info

Facebook-Gruppe für Austausch:

Vegan Hund!? Ja klar! www.facebook.com/groups/VeganHund

Vegane Fertigfutter:

www.vegdog.de
www.green-petfood.de

REGISTER

RUND UM DEN HUND
Entdecke unser einzigartiges Angebot:
Bücher, Webinare, Videos und viele wertvolle Tipps!
KOSMOS-HUND.DE
Melde dich jetzt für unseren KOSMOS-Hunde-Newsletter an und wir schenken dir einen 5€-Gutschein für unsere Webinare.
5€
RABATT
SICHERN!

BILDNACHWEIS

90 Farbfotos wurden von Anna Auerbach/Kosmos für dieses Buch aufgenommen. Weitere Farbfotos von AdobeStock (3: dropStock: S. 24; annaav: S. 28; karepa: S. 38), Anna Auerbach/Archiv: (2: S. 75, 82), Armin Hauke (3: S. 80, 81), Armin Hauke/Kosmos: (1: S. 84), Tobias Roetsch/Kosmos (1: S. 85), Shutterstock (3: Kwangmoozaa: S. 25; Katarzyna Sobotka: S. 41; Yelizaveta Tomashevska: S. 67), Heike Schmidt-Röger/Kosmos (4: S. 31, 70, 74, 77), 1 Farbillustration von Wolfgang Lang

IMPRESSUM

Umschlag- und Klappengestaltung von GRAMISCI Editorialdesign, München unter Verwendung von Farbfotos von Anna Auerbach/Kosmos.

Mit 111 Farbfotos und 1 Farbzeichnung von Wolfgang Lang

Gedruckt auf chlorfrei gebleichtem Papier

ISBN 978-3-440-17479-1
Redaktion: Ute-Kristin Schmalfuß
Gestaltungskonzept: GRAMISCI Editorialdesign/Cornelia Sekulin
Gestaltung und Satz: Katrin Kleinschrot, Stuttgart
Produktion: Carolin Wacker
Druck und Bindung: Westermann Druck Zwickau GmbH, Zwickau
Printed in Germany / Imprimé en Allemagne